Nadine Völpel
Vom Acker bis zum Te
Rückverfolgbarkeit von Bio- und Gen-Food

IGEL Verlag

Nadine Völpel

Vom Acker bis zum Teller

Rückverfolgbarkeit von Bio- und Gen-Food

1. Auflage 2008 | ISBN: 978-3-86815-027-8

© IGEL Verlag GmbH , 2008. Alle Rechte vorbehalten.

Die Deutsche Bibliothek verzeichnet diesen Titel in der Deutschen Nationalbibliografie. Bibliografische Daten sind unter http://dnb.ddb.de verfügbar.

Dieses Fachbuch wurde nach bestem Wissen und mit größtmöglicher Sorgfalt erstellt. Im Hinblick auf das Produkthaftungsgesetz weisen Autoren und Verlag darauf hin, dass inhaltliche Fehler und Änderungen nach Drucklegung dennoch nicht auszuschließen sind. Aus diesem Grund übernehmen Verlag und Autoren keine Haftung und Gewährleistung. Alle Angaben erfolgen ohne Gewähr.

IGEL Verlag

Inhaltsverzeichnis

Verzeichnis der Abkürzungen und Akronyme	III
Abbildungsverzeichnis	V
Zusammenfassung	1
1. Einleitung	**4**
2. Begriffe	**7**
2.1 Rückverfolgbarkeit	7
2.2 Gentechnisch veränderter Organismus	9
2.3 Ökologisch erzeugtes Produkt	11
2.4 Lebensmittelrecht	13
2.5 Lebens- und Futtermittelunternehmen	14
3. Rechtliche Bestimmungen zur Rückverfolgbarkeit	**16**
3.1 Verordnung (EG) Nr. 178/2002 – Ein Überblick	17
3.1.1 Stellungnahmen zur EU-Basis-VO	21
3.1.2 Bestimmungen des Artikel 18	23
3.1.3 Weiterführende Regelungen in Leitlinien	25
3.1.3.1 Confederation of the Food and Drink Industries of the EU	25
3.1.3.2 Ständiger Ausschuss für die Lebensmittelkette und Tiergesundheit	26
3.1.4 Stellungnahmen zu Artikel 18	28
3.1.5 Praktische Umsetzung der Rückverfolgbarkeit	28
3.2 Lebensmittel- und Futtermittelgesetzbuch	32
3.2.1 Rechtliche Bestimmungen des LFGB	33
3.2.2 Stellungnahmen zum LFGB	37
4. Spezielle Vorschriften zur Rückverfolgbarkeit	**40**
4.1 Lebensmittelbedarfsgegenstände	40
4.2 Rindfleisch	42
4.3 Tierische Erzeugnisse	46
4.4 Eier	48
4.5 Gentechnisch veränderte Organismen	49
4.5.1 Verordnung (EG) Nr. 1829/2003	49
4.5.2 Verordnung (EG) Nr. 1830/2003	52
4.5.3 Verordnung (EG) Nr. 65/2004	54
4.5.4 Gentechnikgesetz	55
4.6 Ökologisch erzeugte Produkte	58
4.6.1 Verordnung (EWG) Nr. 2092/91	59
4.6.2 Neuer Verordnungsvorschlag	64
4.6.3 Öko-Kennzeichengesetz und –verordnung	65
4.6.4 Anforderungen ökologischer Anbauverbände	66

	4.6.4.1 Demeter	67
5.	**Vergleich der rechtlichen Situationen von gentechnisch veränderten und ökologisch erzeugten Produkten**	**70**
5.1	Gemeinsamkeiten	70
5.2	Unterschiede	72
6.	**Fazit**	**76**
Literaturverzeichnis		**79**
Verzeichnis der zitierten Rechtsvorschriften		**87**

Verzeichnis der Abkürzungen und Akronyme

%	Prozent
§	Paragraf
§§	Paragrafen
ABl.	Amtsblatt der Europäischen Gemeinschaften
Abs.	Absatz
AGÖL	Arbeitsgemeinschaft Ökologischer Landbau e. V.
Anh.	Anhang
Art.	Artikel
AVEL	Ausschuss für Verbraucherschutz, Ernährung und Landwirtschaft
BGBl.	Bundesgesetzblatt
BLC	Bundesverband der Lebensmittelchemiker/-innen im Öffentlichen Dienst
BLE	Bundesanstalt für Landwirtschaft und Ernährung
BLL	Bund für Lebensmittelrecht und Lebensmittelkunde e. V.
BMELV	Bundesministerium für Ernährung, Landwirtschaft und Verbraucherschutz
BÖLW	Bund Ökologische Lebensmittelwirtschaft e. V.
BSE	Bovine spongioforme Enzephalopathie
BVL	Bundesamt für Verbraucherschutz und Lebensmittelsicherheit
bzw.	beziehungsweise
ca.	circa
CIAA	Confederation of the Food and Drink Industries of the EU
d. h.	das heißt
DBV	Deutscher Bauernverband
DVT	Deutscher Verband Tiernahrung
e. V.	eingetragener Verein
EAN	European Article Number, jetzt: International Article Number
EBLS	Europäische Behörde für Lebensmittelsicherheit
EG	Europäische Gemeinschaften
EU	Europäische Union
EWG	Europäische Wirtschaftsgemeinschaft
f.	folgende
ff.	fortfolgende
ggf.	gegebenenfalls
GmbH	Gesellschaft mit beschränkter Haftung

gv	gentechnisch verändert
GVO	gentechnisch veränderter Organismus, auch gentechnisch veränderte Organismen
ha	Hektar
Hrsg.	Herausgeber
KAT	Verein für kontrollierte Tierhaltungsformen e. V.
LFGB	Lebensmittel-, Bedarfsgegenstände- und Futtermittelgesetzbuch
LKD	Landwirtschaftliche Kontroll- und Dienstleistungsgesellschaft mbH
LMBG	Lebensmittel-Bedarfsgegenständegesetz
NGG	Gewerkschaft Nahrung, Genuss, Gaststätten
Nr.	Nummer
NVE	Nummer der Versandeinheit
OECD	Organisation für Wirtschaftliche Zusammenarbeit und Entwicklung
ÖLG	Gesetz zur Durchführung der Rechtsakte der Europäischen Gemeinschaft auf dem Gebiet des ökologischen Landbaus
Rdn.	Randnummer
RFID	Radio Frequency Identification (Identifizierung per Funk)
RL	Richtlinie
S.	Seite
s. u.	siehe unten
sog.	so genannt
StALuT	Ständiger Ausschuss für die Lebensmittelkette und Tiergesundheit
u. U.	unter Umständen
URL	Universal Ressource Locator
vgl.	vergleiche
VO	Verordnung
z. B.	zum Beispiel
ZLR	Zeitschrift für das gesamte Lebensmittelrecht

Abbildungsverzeichnis

Abbildung 1:	Gründe für Rückverfolgbarkeit nach Angaben von Herstellern	32
Abbildung 2:	Glas-Gabel-Symbol	41
Abbildung 3:	Beispiel für Vorder- und Rückseite einer Rinderohrmarke	43
Abbildung 4:	Beispiel für ein Rindfleischetikett	46
Abbildung 5:	Beispiel für ein Genusstauglichkeits- bzw. Identitätskennzeichen	47
Abbildung 6:	Beispiel für einen spezifischen GVO-Erkennungsmarker	54
Abbildung 7:	Deutsche Fassung des Gemeinschaftsemblems	63
Abbildung 8:	Öko-Kennzeichen bzw. Bio-Siegel	65
Abbildung 9:	Demeter-Markenbild	68

Zusammenfassung

Das Thema Rückverfolgbarkeit ist seit der BSE-Krise und anderer Lebensmittelskandale ins öffentliche Interesse getreten, um die Sicherheit von Lebens- und Futtermitteln zu überprüfen und zu gewährleisten. Dies hat insbesondere in der Gesetzgebung für erhebliche Änderungen gesorgt. Das Weißbuch zur Lebensmittelsicherheit, welches im Januar 2000 von der EU-Kommission vorgelegt wurde, hat eine Umstrukturierung des Lebens- und Futtermittelrechts bewirkt. Die schnellen und durchgreifenden Änderungen der rechtlichen Situation waren dazu bestimmt, das verlorene Vertrauen der Verbraucher in die Sicherheit von Lebens- und Futtermitteln wiederherzustellen.

Als rechtliche Konsequenz aus den Forderungen im Weißbuch wird im Januar 2002 die Verordnung (EG) Nr. 178/2002, auch als EU-Basis-VO bezeichnet, erlassen, welche das gesamte Lebens- und Futtermittelrecht als ein Dachgesetz zusammenfasst. Der einheitliche Ansatz ‚vom Acker bis zum Teller' bezieht die gesamte Produktions-, Herstellungs- und Verarbeitungskette vom Landwirt bis zum Einzelhandel in die Verantwortung für die Lebensmittelsicherheit mit ein. Die Gewährleistung lückenloser Rückverfolgbarkeit ist dabei von entscheidender Wichtigkeit, um im Krisenfall unverzüglich und effektiv handeln zu können. In der EU-Basis-VO wird Rückverfolgbarkeit erstmalig unter diesem Begriff rechtlich verankert. Jedes Lebens- und Futtermittelunternehmen wird verpflichtet, Systeme und Verfahren aufzubauen, um ihre direkten Lieferanten sowie Kunden und die Art der Produkte zu erfassen, so dass im Bedarfsfall Schritt für Schritt der Produktions- und Verarbeitungsweg rückverfolgt werden kann. Das erleichtert die Rücknahme eventuell gefährdeter Produkte und erhöht so die Lebens- und Futtermittelsicherheit.

Da es sich bei der EU-Basis-VO eben um eine Verordnung handelt, gilt sie in jedem EU-Mitgliedstaat verbindlich und unmittelbar, so dass eine Modifizierung auf nationaler Ebene nicht erforderlich ist. Dennoch hat es auch im deutschen Rechtssystem einige Änderungen gegeben. So wurde im September 2005 das bestehende Lebensmittel- und Bedarfsgegenständegesetz vom neuen Lebensmittel und Futtermittelgesetzbuch (LFGB) abgelöst. In diesem neuen Gesetzbuch sind mehrere bisher geltende Vorschriften mit dem Ziel zusammengefasst worden, das neue Lebensmittel- und Futtermittelrecht transparenter und einfacher zu gestalten. Das LFGB dient dem vorbeugenden Gesundheitsschutz von Mensch, Tier und Umwelt, es soll die Bereitstellung von Informationen sichern und Schutz vor Täuschung im Verkehr mit Lebens- und Futtermitteln liefern. Die Zusammenfassung des Lebensmittel- und des Futtermittelrechts spiegelt den einheitlichen Ansatz ‚vom Acker bis zum Teller' wider, wie er auch auf europäischer Stufe erfolgte.

Sowohl auf europäischer als auch auf nationaler Ebene gibt es spezielle Vorschriften zur Rückverfolgbarkeit bestimmter Produkte, welche entweder von Risiken gefährdet sind oder Schutz bedürfen.

Gentechnisch veränderte Organismen (GVO) können als Produkte, welche mit einem gewissen Risiko behaftet sind, angesehen werden. GVO besitzen nur eine geringe Verbraucherakzeptanz und darum steht deren Sicherheit besonders im rechtlichen Blickfeld. Im Weißbuch zur Lebensmittelsicherheit wird eine Harmonisierung der Bestimmungen für GVO beschlossen, woraus im September 2003 die Erlassung der Verordnungen (EG) Nr. 1829/2003 und Nr. 1830/2003 resultierte.

Die Verordnung (EG) Nr. 1829/2003 legt eine einheitliche Kennzeichnung für gv Produkte fest, um die Wahlfreiheit der Verbraucher in Bezug auf ihre Lebensmittel sicherzustellen. Des Weiteren werden Vorschriften für ein aufwendiges Zulassungsverfahren von GVO mit vorgeschriebener Sicherheitsprüfung sowie für eine einheitliche Überwachung zur Gewährleistung der Sicherheit gemacht.

In der Verordnung (EG) Nr. 1830/2003 werden spezifische Regelungen zur Rückverfolgbarkeit aufgeführt. Danach muss auf jeder Stufe des Inverkehrbringens die Information weitergegeben werden, dass ein Lebens- oder Futtermittel GVO enthält oder daraus besteht. Es wird ein spezifischer Erkennungsmarker eingeführt, welcher jeden GVO eindeutig beschreibt und unter welchem sämtliche verfügbaren Informationen in einem Gemeinschaftsregister gespeichert werden. Mit Hilfe von Systemen und Verfahren muss jedes Unternehmen die Informationen für fünf Jahre speichern und verfügbar halten.

Die Neuerung der Verordnung (EG) Nr. 1829/2003, wonach alle Produkte, welche GVO enthalten oder daraus bestehen, gekennzeichnet werden müssen, auch wenn ein analytischer Nachweis fremder DNA- oder Proteinanteile nicht möglich ist, führt Rückverfolgbarkeit eine wichtige Bedeutung zu. Denn in einem solchen Fall ist nur durch lückenlose Rückverfolgbarkeit ein GVO-Anteil in Lebens- und Futtermitteln beweisbar.

Für ökologisch erzeugte Produkte gibt es ebenfalls spezielle Vorschriften für die Rückverfolgbarkeit. Lange bevor es rechtliche Bestimmungen gab, haben sich die ökologischen Anbauverbände selbst Erzeugungs- und Verarbeitungsrichtlinien gegeben, um die Produktion, Herstellung und Verarbeitung ökologischer Erzeugnisse einheitlich zu gestalten. Aus diesen Verbandsrichtlinien resultierte 1991 die Verordnung (EWG) Nr. 2092/91, welche auch als EG-Öko-VO bezeichnet wird. Diese normiert die ökologische Erzeugung und Verarbeitung und schreibt eine einheitliche Kennzeichnung ökologisch erzeugter Produkte vor. Zur Demonstration, dass ein Produkt den Anforderungen der EG-Öko-VO entspricht, gibt es ein europäisches und auch ein deutsches Öko-Kennzeichen, welches auf die Etiketten ökologisch erzeugter Produkte aufgedruckt werden darf. So wird den Verbrauchern auf einen Blick gezeigt, dass es sich um ökologische Erzeugnisse handelt.

Rückverfolgbarkeit spielt bei ökologisch erzeugten Produkten als Qualitätssicherungsmaßnahme eine wichtige Rolle für den Herkunftsnachweis, da bei diesen Produkten eine analytische Differenzierung zu konventionellen Produkten nicht möglich ist. Die ökologische Kennzeichnung beruht auf Vertrauen und daher ist es besonders wichtig, durch entsprechende Maßnahmen das hohe Vertrauen der Verbraucher in diese Produkte zu erhalten.

1. Einleitung

Im Zuge verschiedener Lebensmittelskandale und -Krisen in den vergangenen Jahren, wie beispielsweise der BSE-Krise Ende der 90er Jahre oder des Dioxinskandals, sind Schwachstellen und Mängel sichtbar geworden, welche die bestehenden Kontrollsysteme in Europa in Frage gestellt haben. Das Vertrauen der Verbraucher in die Gewährleistung der Lebensmittelsicherheit ist stark geschwächt worden.

Die europäischen Verbraucher sind verunsichert und fürchten um ihre Gesundheit, welche sie durch die Lebensmittelindustrie und die Behörden der Mitgliedstaaten der Europäischen Union nicht garantiert sehen. Dennoch sind unsere Lebensmittel heute sicherer als je zuvor und die europäische Lebensmittelherstellungskette zählt weltweit zu den sichersten (vgl. EU-Kommission 2000, S. 13). Es gilt daher, das Vertrauen der Verbraucher wiederherzustellen, um diese Diskrepanz auszugleichen.

Die Kommission der Europäischen Gemeinschaften (EU-Kommission) hat die Gesundheit der Verbraucher sowie die Lebensmittelsicherheit in den Vordergrund ihrer Bemühungen gestellt und daher die Verbesserung und Vervollständigung des Lebensmittel- und Futtermittelrechts beschlossen. „Sicherheit ist die wichtigste Zutat unserer Lebensmittel" verkündete EU-Kommissar David Byrne und versicherte den europäischen Verbrauchern, diese Zutat zu liefern (Europa 2000, S. 1). Dazu ist das Weißbuch zur Lebensmittelsicherheit am 12. Januar 2000 von der EU-Kommission vorgelegt worden, in dem neue politische Prioritäten gesetzt und „ein radikal neues Konzept" vorgestellt wurden (EU-Kommission 2000, S. 9). Das Weißbuch „enthält Vorschläge für Maßnahmen, die die Lebensmittelpolitik der Gemeinschaft zu einem vorausschauenden, dynamischen, kohärenten und umfassenden Instrument machen sollen, mit dem ein hohes Maß an Gesundheits- und Verbraucherschutz gewährleistet werden kann" (EU-Kommission 2000, S. 15). Für die Neufassung der Gemeinschaftsvorschriften wird das Weißbuch als wichtiger Meilenstein aufgefasst (vgl. Europa Glossar 2006). Im Anhang des Weißbuches befindet sich der Aktionsplan ‚Lebensmittelsicherheit', in dem eine Prioritätenliste von Maßnahmen mit genauen Zeitangaben ihrer Umsetzung zu finden ist. Gemäß diesem Zeitplan sollte die Europäische Behörde für Lebensmittelsicherheit (kurz EBLS) bis Ende 2002 eingerichtet werden. Sie soll neben einem gut durchdachten Lebensmittelrecht das wahre Fundament darstellen, auf dem die neue Politik der Lebensmittelsicherheit ruht (vgl. Europa 2000, S. 1). Die EBLS bildet eine unabhängige Informationsquelle, deren Aufgabe in der wissenschaftlichen Beratung und Unterstützung in allen Bereichen der Lebensmittelsicherheit sowie der Gewährleistung eines hohen Gesundheitsschutzniveaus besteht (vgl. VO (EG) Nr. 178/2002 Art. 22). Die Risikokommunikation mit der Öffentlichkeit sowie den Dialog mit den Verbrauchern fördert die EBLS gemeinsam mit der EU-Kommission, um die neue Politik der Lebensmittelsicherheit transparent zu gestalten (vgl. EU-Kommission 2000, S. 9).

Die ‚Verordnung (EG) Nr. 178/2002 des Europäischen Parlaments und des Rates vom 28. Januar 2002 zur Festlegung der allgemeinen Grundsätze und Anforderungen des Lebensmittelrechts, zur Errichtung der Europäischen Behörde für Lebensmittelsicherheit und zur Festlegung von Verfahren zur Lebensmittelsicherheit' (sog. EU-Basis-VO) ist die rechtliche Konsequenz aus den im Weißbuch zur Umsetzung geforderten Maßnahmen zur Verbesserung der Lebensmittelsicherheit. Der Leitgedanke des umfassenden und einheitlichen Konzepts verbindet die gesamte Lebensmittel- und Futtermittel-Herstellungskette nach dem Grundsatz ‚vom Acker bis zum Teller'. Hiernach betrifft die Lebensmittelsicherheit neben Herstellung und Hygiene von Lebensmitteln auch Tierschutz, Tiergesundheit und Veterinärkontrollen wie auch Pflanzen- und Gesundheitskontrolle (vgl. Europa Glossar 2006). Daher muss jedes Glied der Herstellungskette Verantwortung für die Lebensmittelsicherheit übernehmen, d. h. von der Futtermittelerzeugung über die Primärproduktion hin zur Lebensmittelverarbeitung und Lagerung, über den Transport und Einzelhandel bis schließlich zum Endverbraucher. An dieser Stelle kommt die Rückverfolgbarkeit von Lebens- und Futtermitteln ins Spiel, welche ein wichtiges Element für die Lebensmittelsicherheit darstellt. Sie wird als Voraussetzung für eine erfolgreiche Lebensmittelpolitik angesehen (vgl. EU-Kommission 2000, S. 15). Aus diesem Grund werden Maßnahmen zur Gewährleistung von Rückverfolgbarkeit erstmals rechtlich in dieser Deutlichkeit und unter dem Begriff „Rückverfolgbarkeit" gefordert.

Die vorliegende Untersuchung veranschaulicht die Bedingungen für eine lückenlose Rückverfolgbarkeit. Diese ist für Lebensmittel- und Futtermittelunternehmen jeglicher Größe von bedeutender Wichtigkeit geworden und sie müssen Rückverfolgbarkeit durch geeignete

Vorkehrungen gewährleisten und adäquat sicherstellen. Das Ziel der Untersuchung ist die Darstellung der rechtlichen Lage für Rückverfolgbarkeit von Lebens- und Futtermitteln nach europäischem und deutschem Recht. Es soll ein allgemeiner Überblick über die aktuellen Bestimmungen für Lebens- und Futtermittel gegeben werden, wobei auf spezielle Vorschriften für gentechnisch veränderte und ökologisch erzeugte Produkte ausführlicher eingegangen wird.

2. Begriffe

Zum besseren Verständnis der nachfolgenden rechtlichen Darstellung der Rückverfolgbarkeit ist es an dieser Stelle wichtig, einige Begriffe zu definieren. Dadurch ist im weiteren Verlauf der Untersuchung eindeutig geklärt, welche Bedeutung einem bestimmten Begriff zugeordnet wird. Für einige Begriffe gibt es rechtlich festgelegte Definitionen. Des Weiteren werden Definitionen aus internationalen Regelwerken und Enzyklopädien herangezogen.

2.1 Rückverfolgbarkeit

Die EU-Basis-VO definiert in Artikel 3 Absatz 15 Rückverfolgbarkeit als „Möglichkeit, ein Lebensmittel oder Futtermittel, ein der Lebensmittelgewinnung dienendes Tier oder einen Stoff, der dazu bestimmt ist oder von dem erwartet werden kann, dass er in einem Lebensmittel oder Futtermittel verarbeitet wird, durch alle Produktions-, Verarbeitungs- und Vertriebsstufen zu verfolgen". Dabei bezeichnen Produktions-, Verarbeitungs- und Vertriebsstufen „alle Stufen, einschließlich der Einfuhr von ... der Primärproduktion eines Lebensmittels bis ... zu seiner Lagerung, seiner Beförderung, seinem Verkauf oder zu seiner Abgabe an den Endverbraucher", dies gilt, soweit relevant, auch für Futtermittel (vgl. VO (EG) Nr. 178/2002 Art. 3 Abs. 16). Die Begriffsbestimmung spiegelt den ganzheitlichen Ansatz wider, nach dem die gesamte Herstellungs- und Verarbeitungskette von Lebens- und Futtermitteln vom Acker bis zum Teller aufgezeichnet werden soll. Damit verbunden sollen auch die verschiedenen Verantwortungsstufen festgehalten werden. Laut Zipfel und Rathke (2006, C 101 Art. 3 Rdn. 94 ff.) lässt Rückverfolgbarkeit nur das gedankliche Verfolgen zu, da sie in der Vergangenheit liegende Aspekte ermitteln möchte. Zu diesem Zweck sind Aufzeichnungen auf allen Stufen der Herstellungskette vonnöten, die nicht nur die Herkunft eines Stoffes, sondern auch dessen Lieferanten umfassen. Rückverfolgbarkeit endet bei der Entstehung des rückverfolgten Produktes bzw. bei dem Rohstoff, aus dem es gewonnen worden ist. Beispielsweise wird bei Weizenstärke der verarbeitete Weizen bis zu seiner Erzeugung rückverfolgt.

Die Definition zu ‚traceability/product tracing' durch die Codex Alimentarius Commission „The ability to follow the movement of a food through specified stage(s) of production, processing and distribution" ist zwar knapper gefasst als die Begriffsbestimmung in der

EU-Basis-VO, hat aber dennoch große Ähnlichkeit mit dieser (Codex Alimentarius Commission 2004, S. 80). Auch hier wird der ganzheitliche Ansatz über alle Verarbeitungs- und Vermarktungsstufen berücksichtigt.

Qualitätsmanagementnormen wie die DIN EN ISO 9000:2000 befassen sich ebenfalls mit dem Thema Rückverfolgbarkeit. Hier ist unter Rückverfolgbarkeit die Fähigkeit zu verstehen, „den Werdegang, die Verwendung oder den Ort des Betrachteten zu verfolgen" (DIN 2000, S. 26). Dabei kann sich die Rückverfolgbarkeit auf „die Herkunft von Werkstoffen und Teilen, den Ablauf der Verarbeitung, die Verteilung und Position des Produkts nach (seiner) Auslieferung" beziehen (DIN 2000, S. 26). Der sehr weit gefasste Begriff ‚Produkt' bezeichnet neben materiellen Erzeugnissen wie Lebensmitteln, Zutaten und Rohstoffen aller Art auch immaterielle Erzeugnisse wie Dienstleistungen, so dass sich Rückverfolgbarkeit sowohl intern als auch aufwärts und abwärts gerichtet über alle Stufen einschließlich des Handels erstreckt (vgl. BLL 2006b, S. 12).

Die interne Rückverfolgbarkeit sorgt für die eindeutige Zuordnung von eingehender und ausgehender Ware innerhalb eines Unternehmens mittels Chargentrennung und -kennzeichnung. Diese freiwillige Maßnahme dient der innerbetrieblichen Qualitätssicherung und Transparenz, wird aber rechtlich nicht gefordert.

In der EU-Basis-VO wird dagegen von Lebensmittel- und Futtermittelunternehmen die auf- und abwärts gerichtete Rückverfolgbarkeit verlangt. Sie verbindet die einzelnen Herstellungsstufen während der Lebensmittelproduktion miteinander und orientiert sich am ganzheitlichen Ansatz von der Urproduktion über die Lebensmittelverarbeitung hin zum Endverbraucher (vgl. BLL 2006b, S. 10).

Bei der aufwärts gerichteten Rückverfolgbarkeit wird in einer bestimmten Problemsituation entlang der Herstellungskette in den vorgelagerten Bereich nachgeforscht, um betroffene Zutaten und Rohstoffe in einem Produkt bezüglich ihrer Herkunft und Herstellungsbedingungen schnell und eindeutig zu identifizieren (vgl. BLL 2006b, S. 8). In Krisensituationen oder bei Schadstofffunden ist es besonders wichtig, schnell deren Ursache aufzudecken, um Schäden für die Gesundheit der Verbraucher weitestgehend einzudämmen.

Für die Schadensbegrenzung bei Produktrücknahmen und Rückrufaktionen bietet sich die abwärts gerichtete Rückverfolgbarkeit besonders an. Wenn beispielsweise Mängel an einem bereits ausgelieferten Produkt festgestellt werden, so dass die Fehlerbeseitigung außerhalb der Reichweite des betroffenen Unternehmers liegt, wird die Recherche vom Unternehmen aus in den nachgelagerten Bereich, d. h. Richtung Kunden, angesetzt (vgl. BLL 2006b, S. 9).

Da Rückverfolgbarkeit stets mehrere Stufen der Lebensmittelkette übergreifend einbezieht und die Grundvorrausetzungen der Durchführung für beide Richtungen gleich sind, wird im weiteren Verlauf der Untersuchung nicht weiter zwischen auf- und abwärts gerichteter Rückverfolgbarkeit unterschieden.

2.2 Gentechnisch veränderter Organismus

Laut Artikel 2 Nummer 2 der ‚Richtlinie 2001/18/EG des Europäischen Parlaments und des Rates vom 12. März 2001 über die absichtliche Freisetzung genetisch veränderter Organismen in die Umwelt und zur Aufhebung der Richtlinie 90/220/EWG des Rates', auch kurz als Freisetzungs-Richtlinie bezeichnet, wird ein genetisch veränderter Organismus als „ein Organismus mit Ausnahme des Menschen, dessen genetisches Material so verändert worden ist, wie es auf natürliche Weise durch Kreuzen und/oder natürliche Rekombination nicht möglich ist" definiert. Als Verfahren, welche gentechnische Veränderungen herbeiführen, werden im Anhang I A folgende festgelegt:

1. DNA-Rekombinationstechniken, d. h. die Einbringung von DNA-Molekülen, bei denen mit Hilfe verschiedener Vektorsysteme neue Kombinationen von genetischem Material gebildet werden, in einen Wirtsorganismus, in dem sie natürlicherweise nicht vorkommen, dort aber vermehrungsfähig sind,

2. Verfahren, bei denen in einen Organismus direkt Erbgut eingebracht wird, welches außerhalb des Organismus zubereitet wurde, hierzu zählen auch Mikro- und Makroinjektion sowie Mikroverkapselung, und

3. Zellfusion oder Hybridisierungsverfahren, d. h. die Verschmelzung einer lebenden Zelle mit einer oder mehreren Zellen mit neuen Genkombinationen mit Hilfe von Methoden, welche unter natürlichen Bedingungen nicht vorkommen.

In-vitro-Befruchtung, natürliche Prozesse wie Konjugation, Transduktion und Transformation sowie Polyploide-Induktion werden als Verfahren klassifiziert, bei denen „nicht davon auszugehen ist, dass sie zu einer genetischen Veränderung führen" (RL 2001/18/EG, Anh. I A). In Anhang I B werden weiterhin Mutagenese und Zellfusion von Pflanzenzellen, die dank konventioneller Züchtung genetisches Material austauschen können, vom Geltungsbereich der Richtlinie 2001/18/EG ausgeschlossen.

In dem deutschen ‚Gesetz zur Regelung der Gentechnik', kurz als Gentechnikgesetz oder GenTG bezeichnet, wird in den Begriffsbestimmungen unter § 3 der Begriff ‚gentechnisch veränderter Organismus' erläutert. Schauzu (2004, S. 826) bewertet diesen von der Richtlinie 2001/18/EG abweichenden Begriff als „zur Abgrenzung der genetischen Veränderung durch konventionelle Züchtung" besser geeignet, da es auch bei natürlicher Kreuzung zweier Organismen zu genetischen Veränderungen kommt. Der Begriff gentechnisch veränderter Organismus bringt die künstliche Herbeiführung der Genveränderung durch Anwendung der Gentechnik besser zum Ausdruck und stellt „somit (den) wissenschaftlich korrekten Begriff" dar (Schauzu 2004, S. 826). Die Definitionen in der Richtlinie 2001/18/EG sowie im GenTG weichen so geringfügig voneinander ab, dass sie als äquivalent bezeichnet werden können. Im weiteren Verlauf der Untersuchung wird der Begriff gentechnisch veränderter Organismus, kurz GVO, benutzt.

Weiterführend wird in ‚Verordnung (EG) Nr. 1830/2003 des Europäischen Parlaments und des Rates vom 22. September 2003 über die Rückverfolgbarkeit und Kennzeichnung von genetisch veränderten Organismen und über die Rückverfolgbarkeit von aus genetisch veränderten Organismen hergestellten Lebensmitteln und Futtermitteln sowie zur Änderung der Richtlinie 2001/18/EG' der Begriff ‚aus GVO hergestellt' als „vollständig oder teilweise aus GVO abgeleitet, aber keine GVO enthaltend oder daraus bestehend" von anderen Produkten abgegrenzt (VO (EG) Nr. 1830/2003 Art. 3 Abs. 2). Dadurch wird der Begriff des gentechnisch veränderten (gv) Lebensmittels auf alle Lebensmittel erweitert, die eine gentechnische Veränderung erfahren haben, auch wenn diese im verarbeiteten Endprodukt nicht mehr nachweisbar ist, wie es z. B. bei hoch raffiniertem Öl aus gentechnisch verändertem Mais der Fall ist (vgl. Europäische Kommission 2006a).

Die ‚Verordnung (EG) Nr. 1829/2003 des Europäischen Parlaments und des Rates vom 22. September 2003 über genetisch veränderte Lebensmittel und Futtermittel' enthält darüber hinaus die Definition des ‚genetisch veränderten Lebensmittels' in Artikel 2 Absatz 6, die als solche Lebensmittel bezeichnet, „die GVO enthalten, daraus bestehen oder hergestellt werden". Entsprechend dazu gibt es in Absatz 7 den Begriff ‚genetisch veränderte Futtermittel'. Wieder ist hier der ganzheitliche Ansatz ‚vom Acker bis zum Teller' erkennbar.

Aus den oben genannten Begriffsbestimmungen ergibt sich eine Einteilung gentechnisch hergestellter Lebensmittel in drei Kategorien: Zur ersten, GVO enthaltenden Kategorie gehört beispielsweise Joghurt mit gentechnisch veränderten Milchsäurebakterien. Die zweite Gruppe erfasst aus GVO bestehende Lebensmittel, wie z. B. die gentechnisch veränderte Tomate FlavrSavr, die eine verlängerte Lagerfähigkeit besitzt. Als dritte Kategorie werden aus GVO hergestellte, also isolierte oder verarbeitete Lebensmittel bezeichnet, wie das bereits erwähnte Maisöl oder auch von gv Mikroorganismen hergestellte Aminosäuren, Enzyme und Vitamine (vgl. Mertens 1996, S. A-1180). Die Klassifizierung spiegelt die breite Anwendungsmöglichkeit der Gentechnik im Lebens- und Futtermittelbereich wider. Besonders der Genaustausch zwischen verschiedenen Arten führt zu mannigfaltigen Einsatz- und Variationsmöglichkeiten, so dass Tieren oder Pflanzen Eigenschaften zugeführt werden können, die potentiell ihren Wert steigern, wie z. B. Reifeverzögerung oder Resistenz gegen Krankheiten oder bestimmte Herbizide und Insektizide.

2.3 Ökologisch erzeugtes Produkt

„Ökologie ist die Wissenschaft von den wechselseitigen Beziehungen zwischen Organismen und ihrer Umwelt" (Raupp 1992, S. 13). Zu ihrem Forschungsgegenstand zählen Lebewesen, Umweltfaktoren sowie Umweltbedingungen und deren Wechselbeziehungen untereinander. In dem Begriff ökologischer Landbau steht das „Adjektiv ökologisch für die Aussage ‚sinnvoll in Bezug auf die wissenschaftlichen Erkenntnisse der Ökologie'" (Raupp 1992, S. 14). In diesem Sinne werden im ökologischen Landbau möglichst naturnahe Produktionsmethoden angewandt und erhebliche Einschränkungen bei der Verwendung chemischer Hilfsstoffe auferlegt.

Ziel des ökologischen Landbaus ist, entsprechend den Leitlinien des Codex Alimentarius, die Gesundheit und Produktivität der voneinander abhängigen Lebensgemeinschaften der Bodenorganismen, Pflanzen, Tiere und Menschen zu optimieren. Dies wird durch Förderung und Erhöhung der Biodiversität, der ökologischen Kreisläufe und der biologischen Bodenaktivität erreicht. So können der Einsatz von externen Produktionsfaktoren minimiert und die Bedingungen des ökologischen Landbaus an regionale Unterschiede angepasst werden. Verunreinigungen durch die landwirtschaftliche Nutzung werden durch die Verwendung pflanzlicher und tierischer Abfälle reduziert, so dass dem Boden auf natürliche Weise Nährstoffe zugeführt werden und auf den Einsatz nicht erneuerbarer Ressourcen weitestgehend verzichtet werden kann (vgl. Codex Alimentarius Commission 1999, S. 3).

Anhang I der ‚Verordnung (EWG) Nr. 2092/91 des Rates vom 24. Juni 1991 über den ökologischen Landbau und die entsprechende Kennzeichnung der landwirtschaftlichen Erzeugnisse und Lebensmittel', kurz EG-Öko-VO, legt die Grundregeln des ökologischen Landbaus in Europa fest. Für die Produktion von Pflanzen und Pflanzenerzeugnissen gelten der Einsatz vielseitiger Fruchtfolgen, die Nutzung organischer Düngemittel wie Gründüngung und tierischer Dung sowie eine natürliche Schädlingsbekämpfung durch geeignete Artenwahl, Schutz von Nützlingen mit Hilfe von Hecken und Nistplätzen sowie das Abflammen von Unkrautkeimlingen als ökologisch geeignete Maßnahmen.

Die tierische Erzeugung wird als zu integrierender Bestandteil in die ökologische Landwirtschaft betrachtet, so dass der „natürliche Kreislauf zwischen Boden und Pflanze, Pflanze und Tier sowie Tier und Boden" gefördert wird (VO (EWG) Nr. 2092/91, Anh. I Teil B). Eine flächengebundene Tierhaltung soll die Belastung der Umwelt verringern und artgerechte Unterbringung mit ausreichendem Auslauf gewährleisten. Die Tiere müssen mit ökologischen Futtermitteln versorgt werden, die, wenn möglich, vom Betrieb selbst erzeugt werden. Die Sicherstellung der Tiergesundheit erfolgt weitestgehend durch präventive Maßnahmen, wie geeignete Rassenwahl und Förderung der natürlichen Immunität durch hochwertige Futtermittel und regelmäßigen Auslauf.

Grundsätzlich ist im ökologischen Landbau sowohl der Einsatz gentechnisch veränderter Organismen, die Bestrahlung mit ionisierenden Strahlen als auch die Nutzung chemisch-synthetischer Pflanzenschutzmittel, Düngemittel und Wachstums- und Leistungsförderer verboten.

Der Begriff ‚ökologisch erzeugtes Produkt' wird in den geltenden Rechtsvorschriften nicht definiert. Im Sinne der vorliegenden Untersuchung wird an dieser Stelle ein ökologisch erzeugtes Produkt als solch ein Produkt festgelegt, welches nach den Grundregeln des ökologischen Landbaus gemäß der EG-Öko-VO erzeugt wurde. Diese Definition lehnt sich an den in Artikel 5 Absatz 22 der EG-Öko-VO dargestellten Begriff ‚ökologische Einheit/ökologischer Betrieb/ ökologischer Tierhaltungsbetrieb' an, der als „eine Einheit oder ein Betrieb, die/der den Vorschriften dieser Verordnung entspricht" bestimmt wird.

In Artikel 2 der EG-Öko-VO werden für den deutschen Sprachgebrauch die Begriffe ‚ökologisch' und ‚biologisch' sowie davon abgeleitete Begriffe wie z. B. ‚Öko' und ‚Bio' für die Kennzeichnung von aus ökologischem Landbau stammenden Produkten als besonders geeignet determiniert und somit auch rechtlich geschützt (vgl. Europäische Kommission, Generaldirektion Landwirtschaft 2000, S. 11). Da sich laut Vogt (2000, S. 15) in Deutschland die Bezeichnung ‚ökologischer Landbau' gegenüber der Bezeichnung ‚biologischer Landbau' durchgesetzt hat, wird im weiteren Verlauf der Untersuchung ebenfalls der Begriff ‚ökologischer Landbau' verwendet.

2.4 Lebensmittelrecht

Unter ‚Sonstige Definitionen' wird in Artikel 3 der Verordnung (EG) Nr. 178/2002 als erstes der Begriff ‚Lebensmittelrecht' als „die Rechts- und Verwaltungsvorschriften für Lebensmittel im Allgemeinen und die Lebensmittelsicherheit im Besonderen, sei es auf gemeinschaftlicher oder auf einzelstaatlicher Ebene, wobei alle Produktions-, Verarbeitungs- und Vertriebsstufen von Lebensmitteln wie auch von Futtermitteln, die für der Lebensmittelgewinnung dienende Tiere hergestellt oder an sie verfüttert werden, einbezogen sind" definiert. Neu ist, dass das Futtermittelrecht in den Bereich des Lebensmittelrechts integriert worden ist. Das gilt zumindest für solche Futtermittel, die für Tiere, welche der Lebensmittelgewinnung dienen, hergestellt oder an sie verfüttert werden. Die Tatsache, dass viele der vergangenen Lebensmittelskandale auf unsichere Futtermittel zurückzuführen sind und somit einen direkten oder indirekten Einfluss auf die Lebensmittelsicherheit haben, begründet dieses Vorgehen (vgl. Gorny 2003, S. 46).

Das Lebensmittelrecht ist darauf ausgerichtet sowohl die Gesundheit der Bevölkerung zu schützen als auch den Wettbewerb auf den Lebensmittelmärkten durch Vorschriften für die Lebensmittelsicherheit und -qualität zu regeln. Es soll ein europäisches Lebensmittelmodell entstehen, welches auf den „Grundsätzen der Qualität, Vielfalt und Sicherheit fußt, wie dies vom Agrarrat von Biarritz festgelegt wurde" (Wirtschafts- und Sozialausschuss 2001, Abs. 2.6).

Das deutsche Lebensmittelrecht ist besonders nachhaltig durch die europäische Rechtsetzung beeinflusst worden, sei es durch unmittelbar geltende Verordnungen oder durch Umsetzung von Richtlinien (vgl. Rabe 2003, S. 151). Rechtsangleichung in der Europäischen Gemeinschaft bezog sich dabei nur auf einzelne Lebensmittelsektoren, so dass eine rechtliche Systematik nicht zu Stande gekommen ist (vgl. Zipfel und Rathke 2006, Vorb. C 101 Rdn. 1).

2.5 Lebens- und Futtermittelunternehmen

Die Definition unter Artikel 3 Absatz 2 der Verordnung (EG) Nr. 178/2002 bezeichnet als Lebensmittelunternehmen „alle Unternehmen, gleichgültig, ob sie auf Gewinnerzielung ausgerichtet sind oder nicht und ob sie öffentlich oder privat sind, die eine mit der Produktion, der Verarbeitung und dem Vertrieb von Lebensmitteln zusammenhängende Tätigkeit ausführen". Nach dem allgemeinen Sprachgebrauch werden unter Produktion die Gewinnung, die Herstellung und die Verarbeitung von Gütern verstanden. Sie schließt also auch die Primärproduktion mit ein (vgl. Zipfel und Rathke 2006, C 101 Art. 3 Rdn. 12). Entsprechend werden als Futtermittelunternehmen solche Unternehmen verstanden, die an der „Erzeugung, Herstellung, Verarbeitung, Lagerung, Beförderung oder dem Vertrieb von Futtermitteln beteiligt sind" (VO (EG) Nr. 178/2002 Art. 3 Abs. 5). Als Lebensmittel- bzw. Futtermittelunternehmer werden in Artikel 3 Absatz 3 bzw. Absatz 6 alle natürlichen oder juristischen Personen bezeichnet, „die dafür verantwortlich sind, dass die Anforderungen des Lebensmittelrechts in dem ihrer Kontrolle unterstehenden Lebensmittelunternehmen (bzw. Futtermittelunternehmen) erfüllt werden". Hier verweist der Begriff ‚verantwortlich' auf die Zuständigkeit des Unternehmers für die Kontrolle seines Betriebes (vgl. Zipfel und Rathke 2006, C 101 Art. 3 Rdn. 18). Unternehmer kann nur eine Person mit Führungsverantwortung sein, welche Entscheidungen und Anweisungen zur Einhaltung des Lebensmittelrechts erteilen und somit das Unternehmen in dieser Hinsicht kontrollieren kann (vgl. Gorny 2003, S. 48).

3. Rechtliche Bestimmungen zur Rückverfolgbarkeit

Seit Anfang der 90er Jahre ist darüber diskutiert worden, dem „europäischen Lebensmittelrecht ein ‚Dach' oder ein ‚Fundament' zu geben" (Horst 2000, S. 475). Durch themenorientierte und punktuelle Entwicklung des europäischen Lebensmittelrechts in den letzten 40 Jahren ist es zu fehlenden allgemeinen Grundsätzen und Prinzipien gekommen. Eine Dachregelung sollte daher für eine Vereinfachung und höhere Transparenz sowie bessere Verständlichkeit des gemeinschaftlichen Lebensmittelrechts sorgen (vgl. Horst 2000, S. 476).

In dem Aktionsplan ‚Lebensmittelsicherheit' des Weißbuches ist als dritte Maßnahme der Vorschlag für eine allgemeine Richtlinie zum Lebensmittelrecht angelegt worden, die Lebensmittelsicherheit als vorrangiges Ziel in der EU verfolgen und allgemeine Grundlagen des Lebensmittelrechts festlegen soll (vgl. EU-Kommission 2000, Anh.). Aus diesem Vorschlag ist die horizontale Verordnung (EG) Nr. 178/2002 erarbeitet worden, welche „die Grundlage für einen Rahmen eines einheitlichen europäischen Lebensmittelrechts" bildet (Hahn 2006, unter EG-Basis-Verordnung S. 2). In dieser EU-Basis-VO werden konforme, rechtliche Forderungen zur Rückverfolgbarkeit in allen europäischen Mitgliedstaaten gestellt. Sie ist nach zahlreichen Lebensmittelskandalen zur Vereinheitlichung der Vorschriften in der EU erlassen worden, um das Vertrauen der Verbraucher in die Lebensmittelsicherheit wiederherzustellen. Die einheitliche Gesetzesvorlage soll außerdem die Entwicklung des Binnenmarktes fördern, so dass ein EU-weiter Handel problemlos ablaufen kann.

Jeder EU-Mitgliedstaat kann weiterführende Vorschriften erlassen. Da Gemeinschaftsrecht vor nationalem Recht gilt, dürfen die von den Mitgliedstaaten eigenmächtig erlassenen Vorschriften zwar exaktere Bestimmungen zu dessen Durchführung festlegen, nicht aber dem Gemeinschaftsrecht widersprechen oder dieses aufheben.

In Deutschland ist das bisher geltende Lebensmittel- und Bedarfsgegenständegesetz (LMBG) durch das Lebensmittel- und Futtermittelgesetzbuch (LFGB) abgelöst worden. Das LFGB gilt ebenfalls als lebensmittelrechtliches Dachgesetz, welches allgemeine Bestimmungen für die Herstellung und Verarbeitung von Lebens- und Futtermitteln festlegt (vgl. Rützler 2005, Rdn. 1a).

3.1 Verordnung (EG) Nr. 178/2002 – Ein Überblick

Die Verordnung (EG) Nr. 178/2002 ist in Teilen am 21. Februar 2002 in Kraft getreten und gilt verbindlich und unmittelbar in jedem Mitgliedstaat, d. h. eine weitere Umsetzung auf nationaler Ebene ist nicht nötig, so dass Modifikationen in den einzelnen EU-Staaten unterbunden werden. Die sog. operativen Vorschriften unter Artikel 11 und 12 zu ‚Verpflichtungen für den Lebensmittelhandel' sowie unter Artikel 14 bis 20 zu ‚Allgemeine Anforderungen an das Lebensmittelrecht' gelten ab dem 01. Januar 2005 (vgl. Rabe 2003, S. 154).

In den 66 Erwägungsgründen der EU-Basis-VO wird besonderes Augenmerk auf den Gesundheitsschutz der Verbraucher gelegt. An mehreren Stellen wird ein „hohes Gesundheitsschutzniveau" hervorgehoben und verschiedene Maßnahmen festgelegt, um dieses zu gewährleisten. Auch unter Artikel 1 ‚Ziel und Anwendungsbereich' wird in Absatz 1 die Verordnung als Basis für ein hohes Schutzniveau für die Gesundheit des Menschen determiniert. Den Verbrauchern soll eine sachkundige Wahl in Bezug auf ihren Lebensmittelverzehr und somit Schutz vor Irreführung und Täuschung geboten werden (vgl. VO (EG) Nr. 178/2002 Art. 8 und 16). Damit sind die ersten beiden Grundpfeiler des Lebensmittelrechts ‚vorbeugender Gesundheitsschutz' und ‚Bewahrung vor Täuschung' abgedeckt (vgl. Horst 2000, S. 477). Der dritte Grundpfeiler ‚Recht des Verbrauchers auf Information' wird in den Artikeln 9 und 10 der Verordnung (EG) Nr. 178/2002 verankert. Zum einen soll die Öffentlichkeit bei Fragen zum Thema Lebensmittelrecht konsultiert werden. Zum anderen sollen die Behörden bei bestehendem Verdacht auf eine Gesundheitsgefährdung auf offene und transparente Weise der Öffentlichkeit über die Art des Risikos sowie über die betroffenen Produkte berichten.

Im EG-Vertrag von 1957 wird die Errichtung eines gemeinsamen Marktes mit freiem Warenverkehr zum Ziel der Gemeinschaft erklärt (vgl. Konsolidierte Fassung des Vertrags zur Gründung der Europäischen Gemeinschaft Art. 2 und 3). Dieses Ziel wird in der EU-Basis-VO unter Artikel 1 aufgegriffen: Auf Grundlage der Verordnung soll die Lebensmittelvielfalt gewahrt und ein reibungsloses Funktionieren des Binnenmarktes sichergestellt werden. Auch in den Erwägungsgründen für die Verordnung ist der freie Verkehr von sicheren Lebensmitteln fixiert worden (vgl. VO (EG) Nr. 178/2002 Erwägungsgrund 1). Um diesen gewährleisten zu können, ist eine Vereinheitlichung der europäischen Lebensmittelrechtslage, wie sie in der EU-Basis-VO angestrebt wird, unumgänglich.

In dem ersten Kapitel der EU-Basis-VO ‚Anwendungsbereich und Begriffsbestimmungen' werden erstmalig europaweit allgemeingültige Definitionen für wichtige Begriffe, wie z. B. ‚Lebensmittel' oder ‚Futtermittel' gegeben. Unter Artikel 2 heißt es: „Im Sinne dieser Verordnung sind ‚Lebensmittel' alle Stoffe oder Erzeugnisse, die dazu bestimmt sind oder von denen nach vernünftigem Ermessen erwartet werden kann, dass sie in verarbeitetem, teilweise verarbeitetem oder unverarbeitetem Zustand von Menschen aufgenommen werden".

Die Definition unter Artikel 3 Absatz 4 bezeichnet „Stoffe oder Erzeugnisse, auch Zusatzstoffe, verarbeitet oder unverarbeitet, die zur oralen Tierfütterung bestimmt sind" als Futtermittel. Der Artikel 3 führt weitere 17 Definitionen auf, die alle „im Sinne dieser Verordnung" gelten. Dieser Hinweis deutet nicht darauf hin, dass sie in anderen europäischen Verordnungen keine Bedeutung haben. Laut Erwägungsgrund 5 soll die Verordnung zu einer Angleichung der „Konzepte, Grundsätze und Verfahren" des Lebensmittelrechts beitragen, um „eine gemeinsame Grundlage für Maßnahmen des Lebensmittel- und Futtermittelsektors zu schaffen". Es ist somit davon auszugehen, dass die Definitionen auf das gesamte gemeinschaftsrechtliche Lebens- und Futtermittelrecht anzuwenden sind (vgl. Zipfel und Rathke 2006, C 101 Art. 2 Rdn. 5 und Art. 3 Rdn. 1).

Das zweite Kapitel ‚Allgemeines Lebensmittelrecht' befasst sich „in bunter Reihenfolge" mit grundlegenden lebensmittelrechtlichen Bestimmungen, wobei es sich teils um „mehr programmatische Forderungen", teils um „unmittelbar geltende Anordnungen" handelt (Zipfel und Rathke 2006, C 101 Vorb. Rdn. 6).

Um ein hohes Gesundheitsschutzniveau sowie hochgradige Lebensmittelsicherheit erwirken zu können, stützt sich das Lebensmittelrecht auf wissenschaftliche Ergebnisse der Risikoanalyse (vgl. VO (EG) Nr. 178/2002 Art. 6). Eine Neuerung der EU-Basis-VO ist die Trennung der Risikoanalyse in drei miteinander verbundene Teilprozesse: Risikobewertung, Risikomanagement und Risikokommunikation. Falls es zu einer möglichen Gesundheitsgefährdung kommt, aber noch wissenschaftliche Unsicherheit über die Auswirkungen herrscht, können die EU-Mitgliedstaaten und die EU-Kommission vorläufige Risikomanagementmaßnahmen im Sinne des Vorsorgeprinzips ergreifen (vgl. VO (EG) Nr. 178/2002 Art. 7). Die getroffenen Maßnahmen müssen dem Gefährdungspotenzial angemessen sein, so dass der Handel nicht unnötig beeinträchtigt wird.

Um Handel von Lebens- und Futtermitteln geht es auch in den Artikeln 11 und 12: Bei der Einfuhr und dem Inverkehrbringen von Lebens- und Futtermitteln in die Europäische Gemeinschaft entsprechen die Anforderungen dem europäischen Lebensmittelrecht oder zumindest den Bedingungen, welche von der EU als gleichwertig anerkannt worden sind. Die Ausfuhr von Lebens- und Futtermitteln aus der EU und das Inverkehrbringen dieser Produkte in einem Drittland müssen ebenfalls die Anforderungen des europäischen Lebensmittelrechts erfüllen, sofern von den Behörden des Drittlandes nichts anderes verlangt wird und es dort keine anders lautenden rechtlichen Bestimmungen gibt.

Der Artikel 14 formuliert ‚Anforderungen an die Lebensmittelsicherheit', um den Gesundheitsschutz der Verbraucher gewährleisten zu können. Hiernach dürfen Lebensmittel, die nicht sicher sind, nicht in den Verkehr gebracht werden. ‚Inverkehrbringen' beinhaltet auch das Bereithalten für Verkaufszwecke und das Anbieten zum Verkauf (vgl. auch VO (EG) Nr. 178/2002 Art. 3 Abs. 8). Artikel 14 Absatz 2 bezeichnet Lebensmittel als nicht sicher, wenn sie gesundheitsschädlich oder für den menschlichen Verzehr ungeeignet sind. Artikel 15 erstreckt sich auf die ‚Anforderungen an die Futtermittelsicherheit': Nicht sichere Futtermittel dürfen sowohl nicht in den Verkehr gebracht als auch nicht an die der Lebensmittelgewinnung dienenden Tiere verfüttert werden. Futtermittel gelten als nicht sicher, wenn sie sich schädlich auf die Gesundheit von Mensch oder Tier auswirken oder durch ihre Verfütterung die tierischen Lebensmittel für den menschlichen Verzehr ungeeignet werden.

Unter Artikel 17 werden ‚Zuständigkeiten' festgelegt: Für die Einhaltung der Bestimmungen des Lebensmittelrechts in Bezug auf Lebens- oder Futtermittel auf allen Produktions-, Verarbeitungs- und Vertriebsstufen handeln die jeweiligen Lebensmittel- und Futtermittelunternehmer eigenverantwortlich. Denn sie sind am besten in der Lage, ein „sicheres System der Lebensmittellieferung zu entwickeln und dafür zu sorgen, dass die von (ihnen) gelieferten Lebensmittel sicher sind", wie der Erwägungsgrund 30 erklärt. Daher sollten die Lebensmittel- und Futtermittelunternehmer die „primäre rechtliche Verantwortung für die Gewährleistung der Lebensmittelsicherheit tragen" (VO (EG) Nr. 178/2002 Erwägungsgrund 30). Zu dieser Verantwortung gehört auch, dass sie nicht sichere Lebens- und Futtermittel vom Markt nehmen und die zuständigen Behörden darüber informieren. Sollten die Lebens- und Futtermittel den Verbraucher bereits erreicht haben, ist eine Rückrufaktion mit entsprechender Aufklärung der Öffentlichkeit zu starten (vgl. VO (EG) Nr. 178/2002 Art. 19 und 20). Von den Mitgliedstaaten wird verlangt, dass sie das Lebensmittelrecht durchsetzen sowie Lebensmittel- und Futtermittelunternehmer hinsichtlich der Rechtseinhaltung überwachen und überprüfen. Dazu können sie amtliche Kontrollen durchführen und Sanktionen bei Verstößen einführen, welche „wirksam, verhältnismäßig und abschreckend" sein müssen (VO (EG) Nr. 178/2002 Art. 17 Abs. 2). Es ist den Mitgliedstaaten weiterhin erlaubt, die Öffentlichkeit über Risiken in der Lebensmittel- und Futtermittelsicherheit zu informieren.

Auf den Artikel 18 zum Thema Rückverfolgbarkeit wird im Kapitel 3.1.2 Bestimmungen des Artikel 18 (S.23) ausführlich eingegangen und soll daher an dieser Stelle nur der Vollständigkeit halber angeführt werden.

Ein weiteres Ziel der Verordnung (EG) Nr. 178/2002 ist die Errichtung der Europäischen Behörde für Lebensmittelsicherheit (EBLS), mit dem sich das gesamte dritte Kapitel der Verordnung befasst. Auch das vierte Kapitel ‚Schnellwarnsystem, Krisenmanagement und Notfälle' steht in engem Zusammenhang mit den Aufgaben der Behörde. Die EBLS hat ihre Arbeit seit dem 01. Januar 2002 aufgenommen. Sie sorgt für die Informationsbereitstellung im Bereich Lebens- und Futtermittelsicherheit, erstellt wissenschaftliche Gutachten und gibt Studien zu ausgewählten Themen in Auftrag (vgl. VO (EG) Nr. 178/2002 Art. 23). Im Bereich der Risikobewertung sammelt und analysiert die EBLS Daten, um auf mögliche Risiken aufmerksam zu machen. Zur Gewährleistung der Lebensmittelsicherheit vernetzt das Schnellwarnsystem die EBLS mit den Mitgliedstaaten und der EU-Kommission. Wenn es zur Meldung eines möglichen Gesundheitsrisikos durch Lebens- oder Futtermittel innerhalb der EU kommt, werden sämtliche Informationen durch die EU-Kommission netzartig über das Schnellwarnsystem an alle Mitgliedstaaten weitergeleitet (vgl. VO (EG) Nr. 178/2002 Art. 50). Auch die Öffentlichkeit muss über die Art des Risikos, die betroffenen Produkte sowie über die ergriffenen Maßnahmen aufgeklärt werden (vgl. VO (EG) Nr. 178/2002 Art. 52). Ebenfalls in Zusammenarbeit mit der Kommission und den Mitgliedstaaten erstellt die EBLS einen allgemeinen Plan für das Krisenmanagement. Dieser Plan legt fest, welche praktischen Maßnahmen im Falle einer Krise notwendig werden und wie die Kommunikation mit der Öffentlichkeit erfolgen soll (vgl. VO (EG) Nr. 178/2002 Art. 55). Kommt es zu einem ernsten, gesundheitsbedrohendem Risiko, richtet die EU-Kommission einen Krisenstab ein, welcher durch die EBLS wissenschaftlich und technisch unterstützt wird (vgl. VO (EG) Nr. 178/2002 Art. 56). Seine Aufgaben liegen in der Datensammlung und -beurteilung, um rasches und effizientes Handeln zur Beseitigung bzw. Senkung des bestehenden Risikos zu ermöglichen (vgl. VO (EG) Nr. 178/2002 Art. 57).

Die EBLS veröffentlicht ihre Sitzungsprotokolle sowie einen jährlichen Tätigkeitsbericht, um Transparenz zu gewährleisten. Auch ihre Gutachten und Studienergebnisse können eingesehen werden. Es soll sich hierbei um „objektive, zuverlässige und leicht zugängliche Informationen" handeln, so dass sie für die Allgemeinheit verständlich sind (VO (EG) Nr. 178/2002 Art. 40 Abs. 2).

Im letzten Kapitel ‚Verfahren und Schlussbestimmungen' wird als weitere Neuerung in Artikel 58 ein Ständiger Ausschuss für die Lebensmittelkette und Tiergesundheit (kurz StALuT) gegründet, welcher sich aus Vertretern der Mitgliedstaaten zusammensetzt und die EU-Kommission in ihrer Arbeit unterstützt. In dem Fall, dass ein Lebens- oder Futtermittel ein ernstes Risiko für die Gesundheit von Mensch, Tier oder Umwelt darstellt und dieses Risiko nicht durch die ergriffenen Maßnahmen des betroffenen Mitgliedstaates bewältigt werden kann, trifft die EU-Kommission eigene Maßnahmen, wie z. B. Aussetzung des Inverkehrbringens oder des Imports des fraglichen Produktes, welche durch den StALuT im Ausschussverfahren angenommen werden (vgl. VO (EG) Nr. 178/2002 Art. 53). Dadurch kommt dem Ausschuss besondere Bedeutung im Gesundheitsschutz zu.

3.1.1 Stellungnahmen zur EU-Basis-VO

Der Ausschuss der Regionen (2001, S. 2) begrüßt die EU-Basis-VO als „die dringend benötigte Grundlage für die Verbesserung der Lebensmittelsicherheit". Der Schutz der menschlichen Gesundheit sei das oberste Ziel des Lebens- und Futtermittelrechts, welches durch allgemeine und gemeinschaftliche Grundsätze präzisiert werden müsse. Die Verordnung hebe die Bedeutung der gesamten Lebensmittelproduktionskette vom Acker bis zum Teller hervor, wobei auch die Futtermittel als Ausgangsprodukte nicht außer Acht gelassen worden seien. Um die Durchführung der Vorschriften glaubwürdig zu machen, betrachtet der Ausschuss der Regionen regelmäßige Kontrollen als entscheidendes Instrument dafür. Des Weiteren unterstützt er die Einrichtung der EBLS, da wissenschaftlicher Sachverstand für das Lebensmittelrecht unentbehrlich sei. Hierbei sei es von besonderer Wichtigkeit, dass die EBLS „ein Maximum an Offenheit und Transparenz" praktiziere (Ausschuss der Regionen 2001, S. 4).

Die Wahl des Verordnungstyps als Rechtsform wird vom Wirtschafts- und Sozialausschuss (2001, Abs. 2.3) befürwortet, da so eine einheitliche Um- und Durchsetzung gefördert werde, was sich positiv auf die Entwicklung des Binnenmarktes auswirke. Dennoch sieht der Ausschuss auch, dass ungenaue Formulierungen zu inakzeptablen juristischen Auslegungsproblemen führen können, da eine Verordnung verbindlich und unmittelbar gilt. Die EU-Basis-VO verfügt nach Meinung des Ausschusses über viele Begriffe und Ausdrücke, „die entweder nur vage oder gar nicht definiert werden", wie beispielsweise in Artikel 6 Absatz 1 „nach den Umständen oder der Art der Maßnahme" oder Artikel 7 Absatz 2 „innerhalb einer angemessenen Frist" (Wirtschafts- und Sozialausschuss 2001, Abs. 2.3; VO (EG) Nr. 178/2002). Horst (2000, S. 479) unterstreicht ebenfalls, dass es trotz der harmonisierenden Wirkung des Verordnungstyps immer wieder zu unterschiedlichen Auslegungen und Anwendungen komme, was durch mangelhafte Konzeption und Formulierungen begünstigt werde. Eine Richtlinie könne dagegen besser an bestehende nationale Regelungen angepasst werden und so das Rechtssystem entsprechend harmonisieren.

Es gibt einige Äußerungen zu der Verordnung (EG) Nr. 178/2002, welche auf die Eile, mit der diese verfasst worden ist, und auf die daraus resultierenden Konsequenzen anspielen. Gorny (2003, S. 1) weist darauf hin, dass die Verordnung in relativ kurzer Zeit vorbereitet, durchberaten und verabschiedet worden sei, was für die Europäische Gemeinschaft eher untypisch sei. Eine nötige juristische Auseinandersetzung sei nicht ausreichend durchgeführt worden und infolgedessen habe die Eindeutigkeit der gesetzlichen Bestimmungen gelitten. Auch Zipfel und Rathke (2006, C101 Vorb. Rdn. 4) sehen die „erheblichen Ungenauigkeiten, sowohl in der Systematik als auch im Sprachgebrauch", welche sie auf den durch die BSE-Krise verursachten Druck und somit auf hektischen Zwang zum Handeln zurückführen. Der Wirtschafts- und Sozialausschuss (2001, Abs. 2.1) dagegen bewertet das zügige Vorgehen der EU-Kommission bei dem Entwurf der Verordnung als positiv, um so den „Sorgen der Öffentlichkeit als auch der Notwendigkeit Rechnung (zu) tragen, so bald wie möglich über ein geeignetes europäisches Instrument für die Risikobewertung in diesem Bereich zu verfügen".

3.1.2 Bestimmungen des Artikel 18

Unter Artikel 18 der Verordnung (EG) Nr. 178/2002 wird eine der wichtigsten Basisvorschriften des Lebensmittelrechts verankert (vgl. Zipfel und Rathke 2006, C 101 Vorb. Rdn. 6). Bei Rückverfolgbarkeit handelt es sich keineswegs um ein neues Konzept in der Lebensmittelkette, aber es werden erstmalig in einer „ressortübergreifenden gemeinschaftlichen Rechtsvorschrift" alle Lebens- und Futtermittelunternehmer rechtlich zur Rückverfolgbarkeit angehalten, wodurch eine „neue allgemeine Verpflichtung" geschaffen wird (StALuT 2004, S. 12).

Artikel 18 Absatz 1 schreibt die Sicherstellung der Rückverfolgbarkeit von „Lebensmitteln und Futtermitteln, von der Lebensmittelgewinnung dienenden Tieren und allen sonstigen Stoffen, die dazu bestimmt sind oder von denen erwartet werden kann, dass sie in einem Lebensmittel oder Futtermittel verarbeitet werden" auf allen Produktions-, Verarbeitungs- und Vertriebsstufen vor. Hier wird der in Erwägungsgrund 12 gefasste Entschluss, dass „alle Aspekte der Lebensmittelherstellungskette als Kontinuum" angesehen werden sollen, rechtlich verankert und auf verschiedene Verantwortungsstufen aufgegliedert (vgl. BLL 2006c). Für einige der oben genannten Produkte gibt es spezifischere Vorschriften, die weiterführende und zum Teil strengere Anforderungen an die Rückverfolgbarkeit stellen (siehe Kapitel 4, Spezielle Vorschriften zur Rückverfolgbarkeit, S.40).

Lebens- und Futtermittelunternehmer müssen jede Person ermitteln können, von der sie oben genannte Produkte erhalten (ein Schritt davor) und an die sie ihre eigenen Erzeugnisse geliefert haben (ein Schritt dahinter), d. h. sie müssen zu jeder einzelnen Lieferung den konkreten Lieferanten bzw. Kunden feststellen und aufzeichnen (vgl. VO (EG) Nr. 178/2002 Art. 18 Abs. 2 und 3; Zipfel und Rathke

2006, C101 Art. 18 Rdn. 8). Da in Artikel 18 Absatz 3 ausdrücklich auf Unternehmen als Kunden hingewiesen wird, sind auch nur diese zu erfassen. Die Abgabe der Erzeugnisse an private Endverbraucher, wie sie z. B. im Lebensmitteleinzelhandel erfolgt, unterliegt daher nicht der Aufzeichnungspflicht (vgl. Zipfel und Rathke 2006, C101 Art. 18 Rdn. 18). Von den einzelnen Unternehmern wird somit keine „stufenübergreifende Rückverfolgbarkeitsorganisation" gefordert (BLL 2006c). Die Verknüpfung der von den beteiligten Unternehmen bereitgestellten Informationen im Krisenfall ist Aufgabe der zuständigen Behörde, in Deutschland betrifft dies das Bundesamt für Verbraucherschutz und Lebensmittelsicherheit (BVL) (vgl. BLL 2006c).

Zum Zweck der Informationserfassung werden die Lebens- und Futtermittelunternehmer dazu verpflichtet, geeignete Systeme und Verfahren einzurichten, welche die nötigen Informationen sichern. Nach Aufforderung müssen die Informationen den zuständigen Behörden mitgeteilt werden (vgl. VO (EG) Nr. 178/2002 Art. 18 Abs. 2 und 3). Im Erwägungsgrund 28 wird darauf verwiesen, dass die Funktionsfähigkeit des Binnenmarktes gefährdet ist, wenn Lebens- und Futtermittel nicht rückverfolgt werden können. Daher sollen umfassende Systeme für „gezielte und präzise Rücknahmen" sorgen sowie zur Information der Verbraucher und Behörden genutzt werden, um „unnötige weiter gehende Eingriffe bei Problemen der Lebensmittelsicherheit" zu vermeiden (VO (EG) Nr. 178/2002 Erwägungsgrund 28).

Um die Rückverfolgbarkeit von Lebens- und Futtermitteln, die in der Europäischen Gemeinschaft in den Verkehr gebracht werden sollen, zu erleichtern, müssen diese durch sachdienliche Dokumentation ausreichend gekennzeichnet werden (vgl. VO (EG) Nr. 178/2002 Art. 18 Abs. 4).

Zur Anwendung der Anforderungen des Artikels 18 können Bestimmungen für verschiedene Sektoren erlassen werden. Dies ist in dem ‚Beschluss 1999/468/EG des Rates vom 28. Juni 1999 zur Festlegung der Modalitäten für die Ausübung der der Kommission übertragenen Durchführungsbefugnisse' unter Artikel 5 festgelegt worden. Demzufolge erarbeitet die EU-Kommission unter Konsultation des Ständigen Ausschusses für die Lebensmittelkette und Tiergesundheit, des Europäischen Rates oder des Europäischen Parlamentes weiterführende Durchführungsrechtsakte über das Ausschussverfahren. Im Falle der Notwendigkeit für präzisere Anforderungen an die Rückverfolgbarkeit können diese folglich nur auf europäischer Ebene erlassen werden.

3.1.3 Weiterführende Regelungen in Leitlinien

Da konkrete Angaben, beispielsweise zu dem Zeitrahmen, innerhalb dessen Informationen in einem Krisenfall an die zuständigen Behörden übermittelt werden müssen, oder zu den Aufbewahrungsfristen der Dokumentation, fehlen, sind von mehreren Einrichtungen Leitlinien verfasst worden. Laut des StALuT (2004, S. 4) sollen Leitlinien dazu dienen, „allen an der Lebensmittelherstellungskette Beteiligten die Aussagen der Verordnung näher zu bringen, damit sie vorschriftsmäßig und einheitlich angewendet werden können". Da es sich bei Leitlinien um Interpretationen von Vorschriften und um Empfehlungen zu deren praktischen Umsetzung handelt, die nicht rechtsverbindlich sind, muss in Streitfällen ein Gerichtshof die Auslegung des Rechts klären.

3.1.3.1 Confederation of the Food and Drink Industries of the EU

In den Leitlinien der Confederation of the Food and Drink Industries of the EU (CIAA) (2004, S. 2) wird deutlich gemacht, dass Rückverfolgbarkeit die Lebens- und Futtermittelsicherheit nicht verbessert, sondern die Vorraussetzung, nämlich Transparenz, schafft, um Kontrollmaßnahmen effizient gestalten zu können. Rückverfolgbarkeit ist ein Werkzeug des Risikomanagements und muss in das Managementsystem zur Lebensmittelsicherheit integriert sein, ebenso wie eine gute Herstellungspraxis und HACCP-Konzepte. Die sehr weit gefasste Formulierung der Systeme und Verfahren, die zu Dokumentationszwecken angelegt werden sollen, bezieht alle Unternehmensgrößen und -arten in ihren Geltungsbereich mit ein. Somit wird keinem Unternehmen die Einführung kostenintensiver EDV-Systeme aufgezwungen. Vielmehr wird es von der Unternehmensgröße und der zu verarbeitenden Datenmenge abhängig gemacht, auf welche Art die Dokumentation erfolgt. So kann z. B. auch vernünftige Buchführung ausreichend sein, um den Anforderungen unter Artikel 18 gerecht zu werden. Die Leitlinien der CIAA verdeutlichen, dass Artikel 18 den Unternehmen ein gewisses Maß an Flexibilität gibt, solange die Möglichkeit der Verfolgung und des Rückrufs nicht sicherer Produkte gewährleistet bleibt (vgl. CIAA 2004, S. 4). Die CIAA (2004, S. 7) empfiehlt in Einklang mit Artikel

18 die Einhaltung der Prinzipien des Kaskadenmodells, welches jedem Unternehmen in der Versorgungskette Verantwortung auferlegt und von ihm bei Bedarf die Weitergabe der Informationen, die zum nächsten Glied der Versorgungskette führen, fordert. Rechtlich gesehen wird von den Unternehmern nur die Identifikation der unmittelbaren Lieferanten sowie Kunden gefordert, nach dem Motto „ein Schritt dahinter und ein Schritt davor". Manche Unternehmen möchten darüber hinaus, insbesondere bei risikogefährdeten Produkten, Maßnahmen zur internen Rückverfolgbarkeit treffen, welche rechtlich nicht gefordert werden, welche aber für die eindeutige Zuordnung von Warenein- und -ausgängen notwendig sind. Die Entscheidung, in welchem Maß Rückverfolgbarkeit betrieben wird, hängt von den Kosten für die Einrichtung und Erhaltung von Rückverfolgbarkeitssystemen, vom Fachpersonal, von Anforderungen der Geschäftspartner, von technischen Voraussetzungen und auch von dem Nutzen, welchen das Unternehmen aus den Rückverfolgbarkeitssystemen ziehen kann, ab (vgl. CIAA 2004, S. 7). Der nötige zeitliche und finanzielle Aufwand zur Errichtung weiterführender, über den gesetzlichen Rahmen hinaus gehender Rückverfolgbarkeitssysteme rechtfertigt sich durch eine erhöhte Verlässlichkeit und durch geringere Verluste im Krisenfall. Die CIAA (2004, S. 10) empfiehlt, Rückverfolgbarkeitssysteme regelmäßig auf ihre Wirksamkeit zu prüfen und sie zum Gegenstand von Auditverfahren zu machen.

3.1.3.2 Ständiger Ausschuss für die Lebensmittelkette und Tiergesundheit

In den Leitlinien des Ständigen Ausschusses für die Lebensmittelkette und Tiergesundheit (StALuT) (2004, S. 11) wird der Nachweis der Herkunft von Lebens- und Futtermitteln als für den Verbraucherschutz unverzichtbar erklärt. Rückverfolgbarkeit hilft dabei, nicht sichere Lebensmittel gezielt aus dem Verkehr zu ziehen, einen fairen Handel zwischen Unternehmen zu gewährleisten und die nötigen Informationen für die Öffentlichkeit bereit zu stellen.

Der StALuT (2004, S. 12) stellt heraus, dass es in Artikel 18 um Ziele und angestrebte Ergebnisse geht, nicht darum, wie diese erreicht werden können, so dass den Unternehmen ein gewisser Spielraum in der Umsetzung der Rechtsvorschriften eingeräumt wird.

Ebenso wie die CIAA hält es der StALuT für richtig, die Systeme zur Rückverfolgbarkeit auf die Tätigkeit der Unternehmen zuzuschneiden und dabei Art und Größe der Unternehmen zu berücksichtigen. Wichtig ist, dass es sich bei den Systemen und Verfahren um strukturierte Mechanismen handelt, welche den zuständigen Behörden im Krisenfall die gewünschten Informationen schnell und präzise liefern können, um auf diese Weise eine rasche Reaktion zu fördern. Die Informationen der ersten Kategorie (s. u.) müssen den Behörden unmittelbar zur Verfügung gestellt, die der zweiten Kategorie sollen möglichst rasch bereitgestellt werden. Der Versuch der immer noch sehr vage formulierten Fristsetzung lässt Unternehmern viel Spielraum für den Zeitraum der Informationsweitergabe. Es liegt aber auch im Interesse der Unternehmer, im Krisenfall denkbar schnell zu handeln, um den Schaden für das Unternehmen so klein wie möglich zu halten.

Unter Artikel 18 der EU-Basis-VO wird nicht festgelegt, welche Informationen und für welchen Zeitraum diese von den Unternehmen aufbewahrt werden sollen. Der StALuT (2004, S. 15 f.) teilt die seiner Meinung nach notwendigen Informationen in zwei Kategorien ein:

1. Kategorie: beinhaltet alle Informationen, welche den zuständigen Behörden in jedem Fall zur Verfügung gestellt werden müssen:

- Name und Anschrift des Lieferanten sowie Art der gelieferten Produkte
- Name und Anschrift des Kunden sowie Art der gelieferten Produkte
- Datum der Übermittlung/der Abgabe

2. Kategorie: beinhaltet zusätzliche Informationen, deren Weitergabe empfohlen wird:

- Umfang oder Menge der gelieferten Produkte
- Ggf. Chargennummer
- Genauere Beschreibung des Produkts (z. B. vorverpackte oder lose Ware)

Zur Dauer der Aufbewahrung der Rückverfolgbarkeitsunterlagen orientiert sich der StALuT an der üblichen Aufbewahrungsfrist von Geschäftsunterlagen zu Steuerprüfungszwecken und empfindet fünf Jahre ab dem Herstellungs- oder Lieferdatum als adäquat. Für bestimmte Produkte hält er eine Modifizierung dieser Regel für angebracht: In dem Fall, dass Produkte kein Haltbarkeitsdatum besitzen, wie z. B. Weine, gilt die allgemeine Regel von fünf Jahren Aufbewahrung. Die Unterlagen für Produkte, welche eine Haltbarkeit von mehr als fünf Jahren aufweisen, sollen für deren Haltbarkeitsdauer plus sechs Monate archiviert werden. Bei leicht verderblichen Produkten mit einer Haltbarkeit unter drei Monaten oder ohne Haltbarkeitsdatum, wie z. B. bei Obst und Gemüse, genügt eine Aufbewahrungsfrist von sechs Monaten ab dem Herstellungs- bzw. Lieferdatum (vgl. StALuT 2004, S. 17).

3.1.4 Stellungnahmen zu Artikel 18

Der Bund für Lebensmittelrecht und Lebensmittelkunde e. V. (BLL) (2003, S. 4) macht in seiner Stellungnahme deutlich, dass er das hohe Maß an Flexibilität, welches durch die allgemein formulierten Anforderungen in Artikel 18 der EU-Basis-VO festgesetzt wird, sehr begrüßt. Somit wird technischen und betrieblichen Grenzen Rechnung getragen, welche durch die Vielseitigkeit der Lebensmittel- und Futtermittelunternehmen hinsichtlich ihrer Größe und Ausstattung auftauchen. Der BLL interpretiert Artikel 18 so, dass er einen Mindeststandard der Rückverfolgbarkeit absichern möchte, so dass im Krisenfall Rückverfolgbarkeit gewährleistet und nicht sichere Produkte schnell zurückgerufen werden können. Im Gemeinschaftsrecht gibt es speziellere Vorgaben zur Rückverfolgbarkeit für bestimmte Produkte wie z. B. für Rindfleisch und GVO. Diese würden „relativiert oder sogar von ihrem Sinn her in Frage gestellt, wenn bereits den allgemeinen (Mindest-) Vorgaben des Art. 18 Basis-V eine interne oder stufenübergreifende Chargenrückverfolgung entnommen würde" (BLL 2003, S. 4).

3.1.5 Praktische Umsetzung der Rückverfolgbarkeit

Um Rückverfolgbarkeit praktisch gewährleisten zu können, müssen organisatorische, personelle und technische Voraussetzungen geschaffen werden, um geeignete Daten und Informationen mit den gewünschten Produkteinheiten zu verbinden und für andere zugänglich zu machen (vgl. BLL 2006b, S. 27). Das tatsächliche Geschehen im Unternehmen soll abgebildet werden, wobei die „Auswahl, Zuordnung, Erfassung und Verwaltung sowie die Wiederfindung" der Daten über die Wirksamkeit der Rückverfolgbarkeitssysteme entscheiden (BLL 2006b, S. 27). Aber auch über das Unternehmen hinaus müssen für die Rückverfolgbarkeit notwendige Informationen der beteiligten Lieferanten und Kunden erfasst werden, so dass eine ganzheitliche Betrachtung der Wertschöpfungskette möglich wird und die enge Zusammenarbeit zu einem „höchstmöglichen Niveau an Verbraucherschutz bei Störfällen" führt (vgl. GS1 2005, S. 1 und 9).

Jedes Unternehmen entscheidet selbstständig, in welchem Umfang ein Rückverfolgbarkeitssystem eingeführt wird und ob es über die rechtlichen Forderungen hinausgehen soll. Gründe wie Kundenwunsch, Schadensbegrenzung oder Prozessoptimierung sind in die Überlegungen mit einzubeziehen und der mögliche Nutzen ist mit dem zu erwartenden Aufwand und den Kosten abzuwägen (vgl. BLL 2006b, S. 28 und 38 f.). Das Unternehmen definiert die Produkte sowie deren Einheiten, welche rückverfolgt werden sollen. Dabei sind das produktspezifische Risiko, welches minimiert werden soll, die wirtschaftliche Bedeutung, Erfahrungen mit der Schadensanfälligkeit wie auch mögliche Grenzen der Rückverfolgbarkeit wichtige Kriterien für deren Auswahl (vgl. BLL 2006b, S. 28). Des Weiteren muss entschieden werden, welche Daten und Informationen relevant sind sowie mit welchem Verfahren, z. B. per EDV oder Papier, diese erfasst werden sollen (vgl. BLL 2006b, S. 40).

Um Produkteinheiten die entsprechenden Daten zuzuordnen, bedarf es eines geeigneten Codierungssystems, durch dessen Code bzw. Kennzeichnung der Zugang zu gewünschten Informationen, wie z. B. Lieferant, Herkunft oder Verbleib der Produkteinheit, gestattet wird und somit Rückverfolgbarkeit möglich macht (vgl. BLL 2006b, S. 34).

Einfache Lösungen zur Codierung sind beispielsweise das Loskennzeichen bzw. das Verbrauchs- oder Mindesthaltbarkeitsdatum gemäß der Los-Kennzeichnungs-Verordnung. Auch eigene betriebliche Codes wie Nummernsysteme oder Abkürzungen werden für die Kennzeichnung genutzt. Da sie allerdings nur innerbetrieblich einsetzbar sind, eignen sie sich hauptsächlich für die interne Rückverfolgbarkeit (vgl. BLL 2006b, S. 35).

Für eine unternehmensübergreifende und überschneidungsfreie Informationsverschlüsselung sind Bar- oder Strichcodes weit verbreitet. Im Lebensmittelbereich ist besonders der EAN-Code von Bedeutung (EAN = European Article Number, steht jetzt für International Article Number) (vgl. BLL 2006b, S. 36). EAN-Nummernsysteme ermöglichen die eindeutige Identifikation von Unternehmen und Produkten durch einmaligen Austausch der entsprechenden Adress- und Artikeldaten und verringern so den Verwaltungsaufwand (vgl. GS1 2005, S. 15). Von weiterem Vorteil ist, dass sie „weltweit gültig und überschneidungsfrei", „kurz, präzise, eindeutig und nicht ‚sprechend' sind" und dass durch EAN-Codes die Geschwindigkeit, Genauigkeit und Fehlerreduktion der Administrations- und Datenverarbeitungsprozesse gesteigert werden (GS1 2005, S. 15). Nachteil bei dieser Art der Codierung ist eine gewisse technische Voraussetzung, wie z. B. Scanner zum Ablesen, und die fehlende Möglichkeit, sie durchgängig auf allen Stufen einsetzen zu können (vgl. BLL 2006b, S. 37).

Eine Sonderform der EAN-Codes ist der EAN-128-Strichcode, welcher die Nummer der Versandeinheit (NVE) abbildet und sehr viel mehr Daten verschlüsseln kann als der EAN-Code, wie zusätzlich die Chargennummer oder das Mindesthaltbarkeitsdatum des Produktes. Die NVE wird für die eindeutige Kennzeichnung und Identifikation von logistischen Transporteinheiten, wie z. B. Paletten oder Kisten, verwand (vgl. GS1 2005, S. 15). Sie bildet das „Bindeglied zwischen dem physischen Warenfluss und der elektronischen Information und erlaubt als eindeutiger Zugriffsschlüssel den Rückgriff auf im System gespeicherte Daten" (GS1 2006b). Der EAN-128-Strichcode grenzt die dargestellten standardisierten Dateninhalte von nicht standardisierten Strichcodeanwendungen ab und bietet so ein hohes Maß an Sicherheit (vgl. GS1 2006a).

Die „Zukunftstechnologie für automatische Identifikationssysteme" stellt die Radio Frequency Identification (RFID) = Identifizierung per Funk dar (Psion Teklogix 2004, S. 1). Hier werden auf RFID-Etiketten die Informationen über das Produkt gespeichert und können mittels Funkwellen von einer RFID-Empfangseinheit erfasst werden, wobei keine Sichtverbindung oder Berührung erforderlich ist. Auf diese Weise können gleichzeitig mehrere Etiketten abgelesen werden. Die RFID-Etiketten können auch in Kartons oder Plastikverpackungen integriert werden, so dass sie vor Beschädigung oder Manipulation geschützt und wiederverwendbar sind (vgl. Psion Teklogix 2004, S. 3). Die RFID-Etiketten können sehr viel mehr Informationen speichern als ein Barcode, so dass einzelne Produkte eindeutig identifiziert werden können, was zu einer Steigerung der Effizienz und Genauigkeit führt (vgl. Psion Teklogix 2004, S. 2). Ein weiterer Vorteil der RFID-Etiketten ist ihre Beschreibbarkeit: In Verbindung mit Messgeräten kann beispielsweise die Temperatur bei verderblichen Produkten während des Transports aufgezeichnet werden, so dass die gesamte Lieferkette vom Hersteller zum Verbraucher abgebildet werden kann (vgl. Psion Teklogix 2004, S. 4). In der Landwirtschaft wird RFID mittels Ohrmarken oder Halsbändern zur Bestandsüberwachung und zur Verfolgung von Tierbeständen zunehmend eingesetzt (vgl. Psion Teklogix 2004, S. 5). Ein großer Nachteil der RFID-Technologie ist die notwendige umfassende und kostenintensive Umstrukturierung der Geschäftsabläufe, um das gesamte Potential des RFID ausnutzen zu können (vgl. Psion Teklogix 2004, S. 4).

Da es sich bei Rückverfolgbarkeit um einen dynamischen Prozess handelt, ist eine regelmäßige Beobachtung, Überprüfung und Aktualisierung der Rückverfolgbarkeitssysteme empfehlenswert (vgl. GS1 2005, S. 17). Durch regelmäßige Audits werden Schwachstellen und Probleme aufgedeckt, so dass Verbesserungsmaßnahmen eingeleitet werden können. Es ist auch möglich, das Rückverfolgbarkeitssystem von einer Zertifizierungsgesellschaft auditieren zu lassen, um die Erfüllung der lebensmittelrechtlichen Normen durch ein Zertifikat hervorzuheben und so Wettbewerbsvorteile zu erlangen (vgl. Gorny 2003, S. 138).

Der praktischen Umsetzung der Rückverfolgbarkeit sind auch Grenzen gesetzt. Dies liegt zum einen an den Marktbedingungen, in denen sich Warenströme vom Hersteller zum Verbraucher immer komplexer gestalten und die Beschaffung sowie der Handel von Rohstoffen weltweit über Börsen und Versteigerungen geregelt werden. Zum anderen begrenzen die Art der Produkte und Produktionsmethoden eine Rückverfolgbarkeit, da sie durch immer höhere Verarbeitungsgrade und Aufgliederung in Teilprozesse gekennzeichnet sind (vgl. Horst 2000, S. 487; BLL 2006d, S. 1). Bei vorverarbeiteten Zutaten gilt: „Je höher der Verarbeitungsgrad der Zutaten, desto schwieriger ist deren Rückverfolgbarkeit" (Hahn 2006, unter EG-Basis-Verordnung S. 2c). Für Probleme sorgen auch Vermischungen bei kontinuierlichen Prozessen, wie z. B. bei Silogetreide oder Milchsammelwagen, bei denen die einzelnen Teillieferungen im Gesamtbestand nicht mehr identifiziert werden können.

Eine gemeinsame Umfrage von LZ/NET und Deloitte Consulting hat gezeigt, dass 95 Prozent der Lebensmittelhersteller, aber nur 35 Prozent der Handelsunternehmen an Rückverfolgbarkeitssystemen arbeiten (vgl. Rode 2004, S. 26). Die Handelsunternehmen scheinen sich überwiegend auf die Qualitätskontrollen und Rückverfolgbarkeitssysteme der Industrieunternehmen zu verlassen. Diese wiederum begründen den Aufbau von Rückverfolgbarkeitssystemen mit Anforderungen des Handels, und dies noch vor rechtlichen Anforderungen durch die EU-Basis-VO (siehe Abb. 1) (vgl. Rode 2004, S. 26). Weiterhin wurde durch die Umfrage ermittelt, dass für die Kennzeichnung von Fertigprodukten vorzugsweise Mindesthaltbarkeitsdatum, Loskennzeichen, spezielle betriebliche Codes und für die Datenweiterleitung der EAN-128-Strichcode genutzt werden (vgl. Rode 2004, S. 26). Dabei ist die Erfassung der Daten per Hand „noch erstaunlich weit" verbreitet und viele Unternehmen investieren zurzeit in Systeme zum automatischen Scannen von Barcodes (Rode 2004, S. 26).

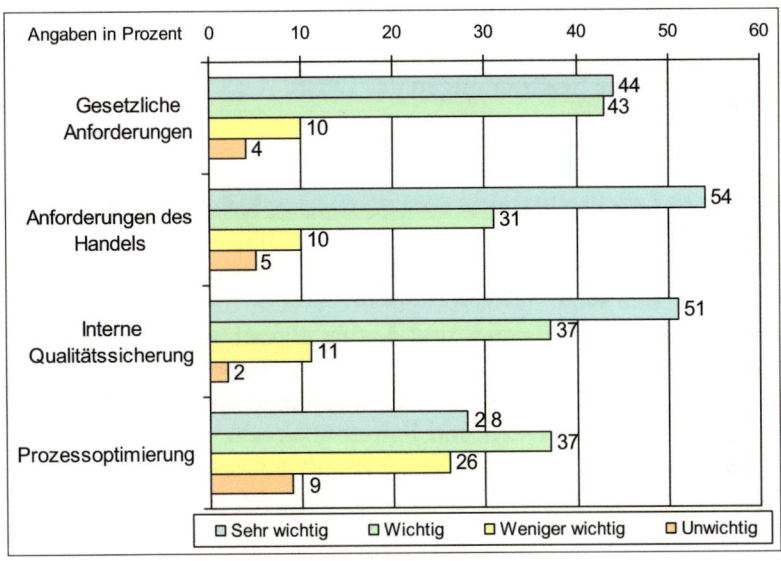

Abbildung 1: Gründe für Rückverfolgbarkeit nach Angaben von Herstellern
Quelle: verändert nach LZ + Deloitte (in: Rode 2004)

3.2 Lebensmittel- und Futtermittelgesetzbuch

Das ‚Gesetz zur Neuordnung des Lebensmittel- und Futtermittelrechts' beinhaltet neben seinem „Herzstück", dem ‚Lebensmittel-, Bedarfsgegenstände- und Futtermittelgesetzbuch' (kurz Lebensmittel- und Futtermittelgesetzbuch, LFGB), auch noch das ‚Gesetz über den Übergang des neuen Lebensmittel- und Futtermittelrechts' (Art. 2), die Änderung des Milch- und Margarinegesetzes (Art. 3), die Änderung des Weingesetzes (Art. 4) sowie die Änderung des Lebensmittel- und Bedarfsgegenständegesetzes (Art. 5) (BMELV 2006a; vgl. Gesetz zur Neuordnung des Lebensmittel- und Futtermittelrechts). Mit dem Gesetz sollen die nationalen Vorschriften an die gemeinschaftlichen Vorgaben der Verordnung (EG) Nr. 178/2002 angepasst werden (vgl. Deutscher Bundestag 2004, S. 1). Dabei wird nach dem Vorbild des Gemeinschaftsrechts das Futtermittelrecht integriert, um den ganzheitlichen Ansatz ‚vom Acker bis zum Teller' rechtlich festzusetzen (vgl. Deutscher Bundestag 2004, S. 2). Im Folgenden werden nur wichtige Paragrafen des Lebensmittel- und Futtermittelgesetzbuches ausführlicher dargestellt, da die anderen Artikel des ‚Gesetzes zur Neuordnung des Lebensmittel- und Futtermittelrechts' an dieser Stelle nicht von Bedeutung sind.

3.2.1 Rechtliche Bestimmungen des LFGB

Das Lebensmittel- und Futtermittelgesetzbuch ist am 07. September 2005 in Kraft getreten und soll für einen einheitlichen Ansatz im deutschen Lebensmittelrecht sorgen, welches bislang auf eine Reihe von Gesetzen verteilt war. Es löst somit das bisherige Lebensmittel- und Bedarfsgegenständegesetz (LMBG) sowie weitere Vorschriften, wie z. B. das Säuglingsnahrungswerbegesetz, das Vorläufige Biergesetz, das Fleischhygiene- und Geflügelfleischhygienegesetz, das Futtermittelgesetz sowie das Verfütterungsverbotsgesetz, ab (vgl. Deutscher Bundestag 2004, S. 1 f.). Diese Bündelung von Regelungen soll das Lebensmittel- und Futtermittelrecht transparenter und einfacher gestalten, so dass die Rechtsanwendung erleichtert wird (vgl. Deutscher Bundestag 2004, S. 2). Dennoch sind für das LFGB weitgehend die Formulierungen und auch der Inhalt des LMBG übernommen worden, so dass es zu keinen wesentlichen Änderungen des materiellen Rechts gekommen ist (vgl. Girnau 2003, S. 680; Eckert 2003, S. 671 f.).

Im LFGB sind Regelungen für den Verkehr mit Lebens- und Futtermitteln sowie mit Bedarfsgegenständen und kosmetischen Mitteln enthalten, diese werden der Begriffsbestimmung in § 2 entsprechend im Weiteren als Erzeugnisse bezeichnet. Die im LMBG geregelten Tabakerzeugnisse entfallen im LFGB. Die bestehenden Vorschriften sind in ein eigenes vorläufiges Tabakgesetz umgewandelt worden.

Das in elf Abschnitte gegliederte Gesetzbuch nennt als Ziele den vorbeugenden Gesundheitsschutz der Verbraucher, aber auch von Tieren und Umwelt, den Schutz vor Täuschung beim Verkehr mit Erzeugnissen sowie die Bereitstellung von Informationen für Wirtschaftsbeteiligte und Verbraucher (vgl. LFGB § 1 Abs. 1). Des Weiteren dient das LFGB der Umsetzung und Durchführung von Rechtsakten der Europäischen Gemeinschaft, soweit sie die Sachbereiche des LFGB betreffen, wie beispielsweise durch ergänzende Regelungen zu der Verordnung (EG) Nr. 178/2002 (vgl. LFGB § 1 Abs. 2).

In Abschnitt 2 zum ‚Verkehr mit Lebensmitteln' werden Verbote zum Schutz der Gesundheit ausgesprochen. Demnach ist es verboten, Lebensmittel so herzustellen, dass ihr Verzehr gesundheitsschädlich ist, wobei gesundheitsschädlich als nicht sicher im Sinne des Artikels 14 Absatz 2a der EU-Basis-VO zu verstehen ist. Es ist außerdem verboten, mit Lebensmitteln verwechselbare Produkte für andere herzustellen, zu behandeln oder in den Verkehr zu bringen (vgl. LFGB § 5 Abs. 2). Im gleichen Abschnitt werden unter § 11 ‚Vorschriften zum Schutz vor Täuschung' erlassen. Hier wird verboten, Lebensmittel unter irreführender Bezeichnung oder Aufmachung in den Verkehr zu bringen.

Irreführung liegt vor, wenn einem Lebensmittel

- Eigenschaften zugeschrieben werden, welche dieses nicht besitzt,
- Herstellungsbedingungen beigelegt werden, die ihm keineswegs widerfahren sind,
- Wirkungen beigefügt werden, welche ihm nicht zukommen bzw. wissenschaftlich nicht ausreichend gesichert sind,
- besondere Eigenschaften zugesprochen werden, obwohl alle vergleichbaren Lebensmittel dieselben Eigenschaften besitzen oder
- der Anschein eines Arzneimittels gegeben wird.

Nachgemachte Lebensmittel, Lebensmittel, die in ihrer Beschaffenheit so von der allgemeinen Verkehrsauffassung abweichen, dass sie in ihrem Wert erheblich gemindert werden und Lebensmittel, welche den Anschein einer besseren als der vorhandenen Beschaffenheit erwecken, dürfen ebenfalls nicht in den Verkehr gebracht werden, wenn sie nicht ausreichend als solche kenntlich gemacht worden sind (vgl. LFGB § 11 Abs. 2). Unter § 12 folgt das ‚Verbot der krankheitsbezogenen Werbung': Es ist untersagt, beim Verkehr mit oder der Werbung für Lebensmittel Aussagen zur Beseitigung, Linderung oder Verhütung von Krankheiten sowie darauf bezogene Dank- oder Empfehlungsschreiben Dritter anzugeben, außerdem ärztliche Empfehlungen, Krankengeschichten oder bildliche Darstellungen von Ärzten zu verwenden und ferner Angstgefühle zu erzeugen.

In Abschnitt 3 wird der ‚Verkehr mit Futtermitteln' geregelt. Auch hier werden Verbote zum Schutz der Gesundheit ausgesprochen: Es ist verboten, Futtermittel so herzustellen, dass sie bei ihrer bestimmungsgemäßen Verfütterung an Tiere, welche der Lebensmittelgewinnung dienen, solche Lebensmittel hervorbringen, welche die menschliche Gesundheit beeinträchtigen können oder für den menschlichen Verzehr ungeeignet sind (vgl. LFGB § 17 Abs. 1). Des Weiteren ist es gesetzwidrig, Futtermittel so herzustellen, in den Verkehr zu bringen oder zu verfüttern, dass die tierische Gesundheit geschädigt, die Qualität der von Nutztieren gewonnen Lebensmittel beeinträchtigt oder der Naturhaushalt durch die tierischen Ausscheidungen in Gefahr gebracht wird (vgl. LFGB § 17 Abs. 2). Unter § 19 werden ‚Verbote zum Schutz vor Täuschung' verankert, welche in ihren Aussagen mit denen unter § 11 der ‚Vorschriften zum Schutz vor Täuschung' für Lebensmittel übereinstimmen, so dass auf die dortigen Ausführungen verwiesen wird (siehe S. 29 f.). Die ‚Verbote der krankheitsbezogenen Werbung' unter § 20 fallen für Futtermittel sehr viel knapper als für Lebensmittel aus: Hier wird verboten, beim Verkehr mit oder in der Werbung für Futtermittel auf die Beseitigung oder Linderung von Krankheiten sowie auf deren Verhütung, soweit die Krankheiten nicht auf mangelhafter Ernährung beruhen, anzuspielen.

Die Vorschriften zur Überwachung werden im siebten Abschnitt des LFGB aufgezeichnet. Unter § 38 wird die Zuständigkeit für die Überwachungsmaßnahmen dem Landesrecht unterstellt. Außerdem werden die zuständigen Behörden dazu verpflichtet, den Behörden anderer Mitgliedstaaten Auskünfte und ggf. wichtige Schriftstücke zu übermitteln sowie bei Verdacht auf Zuwiderhandlungen den Sachverhalt zu prüfen, um das Einhalten der Vorschriften zu überwachen (vgl. LFGB § 38 Abs. 4). Dazu müssen sie regelmäßige Überprüfungen und Probennahmen durch fachlich ausgebildete Personen durchführen lassen und können Anordnungen und Maßnahmen treffen, um dem Verdacht eines Gesetzesverstoßes nachzugehen sowie um den Schutz der Gesundheit und vor Täuschung zu sichern. Hierzu zählen neben Prüfungen von Erzeugnissen, die u. U. nicht dem Gesetz entsprechen, dem Verbot, weiterhin Produkte herzustellen, zu behandeln oder in den Verkehr zu bringen auch Rücknahmen und Rückrufaktionen von Erzeugnissen, welche bereits in den Verkehr gebracht wurden oder den Verbraucher erreicht haben (vgl. LFGB § 39 Abs. 2). Unter § 40 zur ‚Information der Öffentlichkeit' wird die zuständige Behörde ermächtigt, „unter Nennung der Bezeichnung des Lebensmittels oder Futtermittels und des Lebensmittel- oder Futtermittelunternehmens, unter dessen Namen oder Firma das Lebensmittel oder Futtermittel hergestellt oder behandelt wurde oder in den Verkehr gelangt ist, und, wenn dies zur Gefahrenabwehr geeigneter ist, auch unter Nennung des Inverkehrbringers" die Öffentlichkeit zu informieren. Dies kann erfolgen, wenn der hinreichende Verdacht besteht, dass gegen die Vorschriften verstoßen und so die Gesundheit der Verbraucher gefährdet oder der Schutz vor Täuschung nicht gewährleistet worden ist, aber auch wenn ekelerregende Lebensmittel in den Verkehr gebracht worden sind. Die Behörde ist nur dann berechtigt, sich an die Öffentlichkeit zu wenden, wenn eine Information durch die betroffenen Lebensmittel- und Futtermittelunternehmer nicht (rechtzeitig) erfolgt oder die Verbraucher nicht erreicht (vgl. LFGB § 40 Abs. 2). Wenn das Erzeugnis nicht mehr in den Verkehr gelangt oder davon auszugehen ist, dass es schon verbraucht wurde, darf die Öffentlichkeit nicht mehr informiert werden, es sei denn, es liegt eine konkrete Gesundheitsgefahr vor (vgl. LFGB § 40 Abs. 4). Wenn sich die Informationen als falsch erweisen, muss die Behörde unverzüglich die Öffentlichkeit darüber in Kenntnis setzen (vgl. LFGB § 40 Abs. 5).

Die Personen, welche mit der Überwachung betraut sind, dürfen gegen eine Empfangsbestätigung Proben fordern oder entnehmen, um diese untersuchen zu lassen. Dabei verbleibt ein Teil der Probe oder eine Gegenprobe amtlich versiegelt beim Hersteller (vgl. LFGB § 43 Abs. 1 und 2). Zur Überwachung der Einhaltung des Gesetzes sowie zur Probennahme ist es den beauftragten Personen erlaubt, Grundstücke, Betriebs- und Geschäftsräume sowie Transportmittel, in denen Erzeugnisse hergestellt, behandelt oder in den Verkehr gebracht werden, zu betreten (vgl. LFGB § 42 Abs. 2). Die Inhaber müssen die Maßnahmen dulden und die beauftragten Personen in ihrer Tätigkeit unterstützen und ihnen die gewünschten Auskünfte erteilen (vgl. LFGB § 44 Abs. 1 und 2). In § 44 wird weiterhin veranschlagt, dass die Lebensmittel- und Futtermittelunternehmer Informationen, welche sie durch die Systeme und Verfahren für die Rückverfolgbarkeit besitzen oder welche für die Rückverfolgbarkeit von Lebens- oder Futtermitteln notwendig sind, auf Verlangen den beauftragten Personen weitergeben müssen. Wenn die Informationen in elektronischer Form verfügbar sind, sind sie elektronisch weiterzuvermitteln (vgl. LFGB § 44 Abs. 2).

In Abschnitt 8 wird das Monitoring geregelt, welches ein „System wiederholter Beobachtungen, Messungen und Bewertungen von Gehalten an gesundheitlich nicht erwünschten Stoffen" darstellt, um frühzeitig Gefahren für die menschliche Gesundheit zu identifizieren (LFGB § 50). Durchgeführt wird das Monitoring durch fachlich geeignete Personen, welche Proben für Untersuchungszwecke fordern und entnehmen dürfen. Die erhobenen Daten werden an das Bundesamt für Verbraucherschutz und Lebensmittelsicherheit (BVL) zur Aufbereitung, Zusammenfassung und Dokumentation weitergegeben, welches diese an das Bundesinstitut für Risikobewertung zur Beurteilung der Daten weiterleitet (vgl. LFGB § 51 Abs. 5). Es wird jährlich ein Bericht über die Ergebnisse des Monitorings durch das BVL herausgegeben.

Das LFGB enthält über 150 Ermächtigungen zum Erlass von Rechtsverordnungen, welche an die Stelle von bislang vorhandenen materiell-rechtlichen Vorschriften treten (vgl. Deutscher Bundestag 2004, S. 2 und 56). Dadurch werden Bundesministerien ermächtigt, Rechtsverordnungen mit Zustimmung des Bundesrates zu erlassen, ohne den Deutschen Bundestag zu konsultieren (vgl. Deutscher Bundestag 2004, S. 74).

3.2.2 Stellungnahmen zum LFGB

In einer öffentlichen Anhörung durch den Ausschuss für Verbraucherschutz, Ernährung und Landwirtschaft (kurz AVEL) ist von verschiedenen Verbänden und Institutionen Stellung zu dem LFGB-Gesetzesentwurf genommen worden. Alle begrüßten den ganzheitlichen Ansatz der Kontrolle ‚vom Acker bis zum Teller', der im LFGB nach Vorbild des Gemeinschaftsrechts geregelt wurde.

Dennoch gibt es einige Einwände gegen die Zusammenführung des Lebensmittel- und Futtermittelrechts. Dass „zwei völlig fremde Regelungsbereiche" zusammengefasst werden, bezeichnet der BLL als zu komplex und somit kontraproduktiv (AVEL 2004, S. 11). Er befürwortet die Regelung in zwei getrennten Gesetzen, wobei weder die Transparenz noch materielles Recht verloren gingen. Außerdem werde für den Rechtsanwender, der sich meist nur mit einem der beiden Rechtsbereiche befasst, die praktische Anwendung und Orientierung im LFGB durch die Zusammenführung von Lebensmittel- und Futtermittelrecht eher erschwert als, wie vom Gesetzgeber beabsichtigt, erleichtert (vgl. BLL 2004, S. 2). Auch der Bundesverband der Lebensmittelkontrolleure e. V. bemängelt die Zusammenfassung der beiden Regelungsbereiche als „nicht ... positiv für den Verbraucher und für den Anwender" (AVEL 2004, S. 13). Vom Deutschen Verband Tiernahrung (DVT) werden zwei „auf einander sehr sorgfältig abgestimmte" Vorschriften empfohlen (AVEL 2004, S. 15).

Es gibt aber auch begrüßende Stimmen für die Zusammenfassung von Lebensmittel- und Futtermittelrecht, wie beispielsweise vom Bundesverband der Lebensmittelchemiker/-innen im Öffentlichen Dienst (BLC). Dieser weist auf die Lebensmittelskandale der letzten Jahre hin, die oft ihren Ursprung bei den Futtermitteln hatten. Die Zusammenführung von Lebensmittel- und Futtermittelrecht sei somit die konsequente Folge dieser Erfahrung (vgl. AVEL 2004, S. 12). Das unterstreicht auch die Gewerkschaft Nahrung, Genuss, Gaststätten (NGG) mit ihrer Aussage, dass qualitativ hochwertige Futtermittel eine Vorleistung für qualitativ hochwertige Lebensmittel seien (vgl. AVEL 2004, S. 16). Der BLC ist des Weiteren der Auffassung, dass durch die Zusammenführung ebenfalls die Lebensmittel- und Futtermittelüberwachung organisatorisch zusammenwachsen und der Informationsaustausch deutlich verbessert werde (vgl. AVEL 2004, S. 12). Das hofft auch die Lebensmittelchemische Gesellschaft, welche den Vollzug des Lebensmittel- und Futtermittelrechts in der Vergangenheit als „parallel gelaufen" bezeichnet, der „nicht viel bis gar nichts miteinander zu tun hatte" (AVEL 2004, S. 17). Das Bundesministerium für Ernährung, Landwirtschaft und Verbraucherschutz (BMELV) (2006a) sieht in der Zusammenfassung von elf Gesetzen zum LFGB eine konkrete Rechtsvereinfachung sowie Entbürokratisierung. Das BMELV will der Rechtszersplitterung im Lebensmittel- und Futtermittelbereich entgegenwirken und für mehr Transparenz für alle Marktbeteiligten sorgen (vgl. BMELV 2006a).

Die Transparenz des Gesetzes ist ein weiterer Punkt, der von vielen in ihrer Stellungnahme angesprochen wurde. Die hohe Zahl der

Querverweise im LFGB bereite dem Leser Schwierigkeiten, so der Bundesverband der Lebensmittelkontrolleure e. V. Es handele sich eher um eine „Beschaffungsmaßnahme für Juristen" als um eine Gesetzessammlung für Fleischer- oder Bäckermeister (AVEL 2004, S. 13). Auch der Deutsche Bauernverband (DBV) stellt fest, dass nur noch Fachleute des Lebensmittel- und Futtermittelrechts wissen werden, welche Regelungen gelten, und bezeichnet den Gesetzesentwurf als einen Schritt zurück in Hinblick auf die Übersichtlichkeit und Anwenderfreundlichkeit (vgl. AVEL 2004, S. 14). Künftig müsse der EG-Text neben dem Text des LFGB liegen, wenn man sich intensiv und sachgerecht mit diesem befassen wolle, so der BLL in seinen Ausführungen (vgl. AVEL 2004, S. 42).

Der BLC weist auf die Vielzahl von Ermächtigungen zum Erlass von Verordnungen hin, welche die Transparenz deutlich verringern (vgl. AVEL 2004, S. 12 und S. 24). Der DVT kritisiert in diesem Zusammenhang, dass viele Ermächtigungen am Gesetzgeber vorbei durch ein Bundesministerium erfolgen können, und hält dies für „grundrechtlich bedenklich" (AVEL 2004, S. 15). Die gleiche Meinung vertritt die Verbraucherzentrale Bundesverband e. V., weist aber ebenso darauf hin, dass in einem komplexen Bereich wie dem Lebensmittel- und Futtermittelrecht Verordnungsermächtigungen für eine schnelle Anpassung an die europäische Rechtsentwicklung sorge und somit dem Verbraucherschutz in Deutschland zu Gute komme (vgl. AVEL 2004, S. 19).

Der BLL bemängelt, dass bei der Neukonstruktion des LFGB die deutschen Texte nicht näher an den Wortlaut des europäischen Rechts angepasst wurden, denn Abweichungen in den Wortlauten verhindern die gewünschte Harmonisierung (vgl. AVEL 2004, S. 11). Die spätere Anwendung und Interpretation des Gesetzes würde erschwert, da „nationales Recht immer im Licht des Gemeinschaftsrechts auszulegen" sei, bemerkt die Lebensmittelchemische Gesellschaft (AVEL 2004, S. 18). Das Ministerium für Ernährung und ländlichen Raum des Landes Baden-Württemberg empfindet den Gesetzentwurf dagegen als „sehr gut gelungen, was das Nebeneinander von nationalem und EU-Recht betrifft" (AVEL 2004, S. 45).

4. Spezielle Vorschriften zur Rückverfolgbarkeit

Das vorherige Kapitel hat sich mit den allgemeinen Anforderungen zur Rückverfolgbarkeit gemäß der Verordnung (EG) Nr. 178/2002 befasst. Im nun folgenden Kapitel sollen weiterführende eigene Vorschriften zur Rückverfolgbarkeit für bestimmte Produkte vorgestellt werden. Da es sich hierbei um ein sehr breit gefächertes und weitläufiges Gebiet handelt, können nur einige wichtige Aspekte dargestellt werden.

4.1 Lebensmittelbedarfsgegenstände

Vorschriften zur Rückverfolgbarkeit und Kennzeichnung von Lebensmittelbedarfsgegenständen enthält die ‚Verordnung (EG) Nr. 1935/2004 des Europäischen Parlaments und des Rates vom 27. Oktober 2004 über Materialien und Gegenstände, die dazu bestimmt sind, mit Lebensmitteln in Berührung zu kommen und zur Aufhebung der Richtlinien 80/590/EWG und 89/109/EWG'. Da Bedarfsgegenstände in der EU-Basis-VO nicht erfasst worden sind, ist für diese eine vertikale Verordnung erlassen worden.

Artikel 17 der Verordnung (EG) Nr. 1935/2004 bestimmt Anforderungen an die Rückverfolgbarkeit. Der Wortlaut entspricht den allgemeinen Vorgaben zur Rückverfolgbarkeit unter Artikel 18 der EU-Basis-VO: Die Rückverfolgbarkeit von Lebensmittelbedarfsgegenständen muss auf „sämtlichen Stufen gewährleistet sein, um Kontrollen, den Rückruf fehlerhafter Produkte, die Unterrichtung der Verbraucher und die Feststellung der Haftung zu erleichtern" (VO (EG) Nr. 1935/2004 Art. 17 Abs. 1). Dazu müssen Systeme und Verfahren „unter gebührender Berücksichtigung der technologischen Machbarkeit" eingerichtet werden, mit denen der direkte Lieferant und Abnehmer erfasst werden können (VO (EG) Nr. 1935/2004 Art. 17 Abs. 2). Die Informationen müssen auf Anfrage der zuständigen Behörde mitgeteilt werden. Der Hinweis auf die technologische Machbarkeit bezieht die Grenzen der Umsetzbarkeit von Rückverfolgbarkeit mit ein. Hierdurch wird verdeutlicht, dass die „Anforderungen an die Rückverfolgbarkeit gemessen am Maßstab einer technologischen Verhältnismäßigkeit dann ihre Grenzen finden, wenn ungeeignete oder unzumutbare Anforderungen an die Ausgestaltung der Systeme gestellt werden" (BLL 2006a). Weiter heißt es unter Artikel 17, dass Lebensmittelbedarfsgegenstände, welche in der EU in den Verkehr gebracht werden, durch eine geeignete Kennzeichnung zu identifizieren sein müssen, welche die Rückverfolgbarkeit bis zu dem Unternehmen ihrer Produktion erlaubt.

Auf welchem Weg eine geeignete Kennzeichnung von Bedarfsgegenständen, welche noch nicht mit Lebensmitteln in Berührung gekommen sind, zu erfolgen hat, wird in Artikel 15 der Verordnung (EG) Nr. 1935/2004 erläutert: Statt der Angabe ‚Für Lebensmittelkontakt' kann auch das im Anhang der Verordnung abgebildete Symbol von Glas und Gabel (siehe Abb. 2) verwendet werden, wenn nicht durch einen besonderen Hinweis auf den Verwendungszweck, z. B. als Kaffeemaschine, aufmerksam gemacht wird oder die Beschaffenheit der Bedarfsgegenstände eindeutig auf eine Berührung mit Lebensmitteln hinweist, wie dies z. B. bei Essbesteck der Fall ist (vgl. VO (EG) Nr. 1935/2004 Art. 15 Abs. 1a und 2).

Abbildung 2: Glas-Gabel-Symbol
Quelle: VO (EG) Nr. 1935/2004 Anh. II

Neben dem Namen und der Anschrift des Herstellers sowie einem Hinweis auf eine sichere und sachgemäße Verwendung wird gemäß Artikel 17 eine angemessene Kennzeichnung oder Identifikation gefordert, welche Rückverfolgbarkeit der Bedarfsgegenstände ermöglicht (vgl. VO (EG) Nr. 1935/2004 Art. 15 Abs. 1b, c und d). Ist die Kennzeichnung im Sinne des Artikels 15 Absatz 1 für die Rückverfolgbarkeit ausreichend, sind zusätzliche Daten, wie beispielsweise Loskennzeichen oder Chargennummer, entbehrlich (vgl. BLL 2006a). Wenn Bedarfsgegenstände an den Endverbraucher abgegeben werden, muss die Kennzeichnung auf den Bedarfsgegenständen selbst oder deren Verpackung bzw. auf einem Etikett oder einer Anzeige in unmittelbarer Nähe erfolgen, bei Abgabe an andere Handelsstufen können sich die Angaben auch in Begleitpapieren befinden (vgl. VO (EG) Nr. 1935/2004 Art. 15 Abs. 7 und 8).

4.2 Rindfleisch

Die BSE-Krise ist der Anlass für eine umfassende Umstrukturierung der gesetzlichen Situation für die Rindfleischetikettierung gewesen, so dass lückenlose Rückverfolgbarkeit von Rindern und daraus hergestellten Produkten gesichert werden kann. Auf europäischer Ebene ist die ‚Verordnung (EG) Nr. 1760/2000 des Europäischen Parlaments und des Rates vom 17. Juli 2000 zur Einführung eines Systems zur Kennzeichnung und Registrierung von Rindern und über die Etikettierung von Rindfleisch und Rindfleischerzeugnissen sowie zur Aufhebung der Verordnung (EG) Nr. 820/97 des Rates' erlassen worden, welche durch einige Durchführungsverordnungen ergänzt wurde. Die Verordnung (EG) Nr. 1760/2000 verpflichtet die Mitgliedstaaten, die Kennzeichnung und Registrierung von Rindern mittels Ohrmarken, elektronischen Datenbanken, Tierpässen und Einzelregistern in den Betrieben sicher zu stellen (vgl. VO (EG) Nr. 1760/2000 Art. 3).

Jedes Tier erhält zur Einzelkennzeichnung gemäß Artikel 4 an beiden Ohren eine von der zuständigen Behörde zugelassene Ohrmarke. Die Informationen, welche darauf angegeben werden müssen, werden in der ‚Verordnung (EG) Nr. 911/2004 der Kommission vom 29. April 2004 zur Umsetzung der Verordnung (EG) Nr. 1760/2000 des Europäischen Parlaments und des Rates in Bezug auf Ohrmarken, Tierpässe und Bestandsregister' näher spezifiziert. Hier wird unter Artikel 1 festgelegt, dass Rinderohrmarken sowohl den Namen, einen Code oder ein Symbol der zuständigen Behörde als auch einen Identifizierungscode tragen müssen. Dieser Identifizierungscode besteht aus dem Kürzel des Mitgliedstaates, z. B. DE für Deutschland, in dem der Geburtsbetrieb des Tieres liegt, welcher für die ordnungsgemäße Kennzeichnung verantwortlich ist, und einer maximal zwölfstelligen Ohrmarkennummer zur Identifizierung des einzelnen Tieres und dessen Geburtsbetriebes (vgl. VO (EG) Nr. 911/2004 Art. 1). Es werden auch Strichcodes zugelassen, um das automatische Ablesen der Informationen zu ermöglichen.

Abbildung 3: Beispiel für Vorder- und Rückseite einer Rinderohrmarke
Quelle: LKD 2006

Eine elektronische Datenbank ist gemäß Artikel 5 der Verordnung (EG) Nr. 1760/2000 von der zuständigen Behörde bis zum 31.12.1999 etabliert worden, welche für jedes Tier und für jeden Betrieb mindestens folgende Angaben umfassen muss (vgl. RL 97/12/EG Art. 14 Abs. 3C):

1. den Kenncode bzw. die Ohrmarkennummer,
2. das Geburtsdatum,
3. das Geschlecht,
4. die Rasse oder die Farbe,
5. den Kenncode bzw. die Ohrmarkennummer des Muttertieres,
6. die Kennnummer des Geburtsbetriebes,
7. die Kennnummer aller Betriebe, in denen das Tier gehalten wurde, und die Daten der Umsetzungen,
8. das Datum des Todes oder der Schlachtung sowie
9. von jedem Betrieb den Namen des Tierhalters, die Anschrift und die Betriebskennnummer.

Aus der Datenbank müssen jederzeit sämtliche Kennnummern der in einem Betrieb gehaltenen Rinder und deren Tiergesundheitszeugnisse ersichtlich sein. Außerdem muss mit Hilfe der Datenbank eine Liste aller Umsetzungen jedes Rindes aus dem Geburtsbetrieb oder aus dem Einfuhrbetrieb des Drittlandes erstellt werden können, so dass die Rückverfolgbarkeit für alle in Deutschland existierenden Rinder ermöglicht wird. Die oben genannten Angaben müssen drei Jahre nach dem Tod des Rindes in der Datenbank aufbewahrt werden (vgl. RL 97/12/EG Art. 14 Abs. 3C).

Des Weiteren werden Tierpässe eingeführt, welche die zuständige Behörde für jedes Rind ausstellt und welcher das Tier bei jeder Umsetzung begleitet, so dass der gesamte Lebensweg des Tieres bis zu seinem Geburtsbetrieb lückenlos nachvollzogen werden kann (vgl. VO (EG) Nr. 1760/2000 Art. 6). Der Tierpass enthält laut Artikel 6 der Verordnung (EG) Nr. 911/2004 für jedes Tier mindestens:

- die ersten sieben der oben genannten Angaben aus der Datenbank, darüber hinaus
- Namen und Anschrift oder Kennnummer des Betriebes sowie die Unterschrift des Tierhalters,
- den Namen der ausstellenden Behörde sowie
- das Datum der Ausstellung.

Stirbt das Rind, wird es geschlachtet oder in ein Drittland ausgeführt, notiert der Tierhalter das entsprechende Datum ebenfalls im Pass und reicht diesen bei der zuständigen Behörde ein (vgl. VO (EG) Nr. 1760/2000 Art. 6).

Die Tierhalter sind verpflichtet, für ihren Betrieb ein manuell oder elektronisch geführtes Register zu erstellen, welches sie immer auf dem neuesten Stand halten (vgl. VO (EG) Nr. 1760/2000 Art. 7).

Das Register muss mindestens folgende Angaben umfassen (vgl. VO (EG) Nr. 911/2004 Art. 8):

- die ersten vier der oben genannten Angaben aus der Datenbank, darüber hinaus
- bei abgehenden Tieren: Name und Anschrift des Tierhalters oder Kennnummer des nächsten Haltungsbetriebes sowie Abgangsdatum,
- bei zugehenden Tieren: Name und Anschrift des Tierhalters oder Kennnummer des vorherigen Haltungsbetriebes sowie Zugangsdatum und
- Name und Unterschrift des Registerkontrolleurs der zuständigen Behörde sowie das Datum der Kontrolle.

Die Tierhalter teilen der zuständigen Behörde sämtliche Änderungen in ihrem Tierbestand mit und ermöglichen ihr auf Anfrage den Zugang zu allen Informationen des Betriebsregisters, welche einer Aufbewahrungsfrist von drei Jahren unterliegen (vgl. VO (EG) Nr. 1760/2000 Art. 7).

Laut Artikel 13 der Verordnung (EG) Nr. 1760/2000 soll die obligatorische Kennzeichnung eine Verbindung „zwischen der Kennzeichnung des Schlachtkörpers, der Schlachtkörperviertel oder der Fleischstücke einerseits und dem Einzeltier ... andererseits" gewährleisten. Daher muss das Etikett, welches an dem Fleischstück selbst, der Verpackung oder bei nicht vorverpackter Ware auf einem Schild oder Aushang deutlich sichtbar angebracht wird, neben den üblichen Informationen zu Preis, Gewicht und Haltbarkeitsdatum folgende Angaben enthalten (siehe dazu auch Abb. 4) (vgl. VO (EG) Nr. 1760/2000 Art. 13):

- eine Referenznummer oder einen Referenzcode für die Verbindung zwischen dem Fleisch und dem Tier, von dem das Fleisch stammt,
- die Zulassungsnummer des Schlachthofs sowie den Namen des Mitgliedstaates, in dem der Schlachthof liegt,
- die Zulassungsnummer des Zerlegungsbetriebes sowie den Namen des Mitgliedstaates, in dem der Zerlegungsbetrieb liegt, und
- den Namen des Mitgliedstaates, in dem das Tier geboren und gemästet wurde.

Die Belege, welche die Angaben auf dem Etikett bestätigen, müssen gemäß § 4 der ‚Verordnung zur Durchführung des Rindfleischetikettierungsgesetzes' auf allen Erzeugungs- und Vermarktungsstufen für zwei Jahre aufbewahrt werden.

Rindersteaks		
Gesamtpreis: 9,95 €/kg	Geboren in:	Deutschland
Gewicht: 0,575 kg	Gemästet in:	Deutschland
Preis: 5,72 €	Geschlachtet in:	Deutschland ES-235
	Zerlegt in:	Deutschland EZ-501/NW-EZ-300
Referenz-Nr. DE 05 1345678		Verpackt am: 16.05.2006
Metzgerei Hans Mustermann Mustergasse 15 46872 Musterhausen		

Abbildung 4: Beispiel für ein Rindfleischetikett
Quelle: verändert nach BLE 2006c

Weiterführende freiwillige Angaben auf dem Etikett, wie z. B. zur Rasse, Fütterungs- oder Haltungsbedingungen, müssen von der zuständigen Behörde genehmigt werden (vgl. VO (EG) Nr. 1760/2000 Art. 16). Für die Genehmigung ist in Deutschland die Bundesanstalt für Landwirtschaft und Ernährung (BLE) zuständig, wie es unter § 2 des ‚Gesetzes zur Durchführung der Rechtsakte der Europäischen Gemeinschaft über die besondere Etikettierung von Rindfleisch und Rindfleischerzeugnissen', kurz Rindfleischetikettierungsgesetz, verankert wurde.

4.3 Tierische Erzeugnisse

Ein weiteres Beispiel für die Realisierung von Rückverfolgbarkeit ist die Genusstauglichkeits- bzw. Identitätskennzeichnung, welche für Produkte tierischen Ursprungs als Kennzeichnungselement vorgeschrieben ist.

Seit dem 01.01.2006 findet die ‚Verordnung (EG) Nr. 854/2004 des Europäischen Parlaments und des Rates vom 29. April 2004 mit besonderen Verfahrensvorschriften für die amtliche Überwachung von zum menschlichen Verzehr bestimmten Erzeugnissen tierischen Ursprungs' Anwendung. Diese ordnet unter Artikel 5 die Kennzeichnung mit dem Genusstauglichkeitskennzeichen für Frischfleisch von Huftieren und Säugetier-Farmwild, welche als Haustiere gehalten werden, sowie von frei lebendem Großwild an. Der amtliche Tierarzt ist verpflichtet, nachdem er die Schlachttier- und Fleischuntersuchung gemäß den Vorschriften dieser Verordnung durchgeführt hat und keine Mängel zu erkennen waren, die Tierkörper durch Farb- oder Brandstempel mit dem Genusstauglichkeitskennzeichen zu versehen (vgl. VO (EG) Nr. 854/2004 Anh. I Kapitel III). Das Genusstauglichkeitskennzeichen muss in einem ovalen Feld die Kennbuchstaben des Erzeugerlandes, z. B. DE für Deutschland, die Veterinärkontrollnummer des Schlachthofes, die sich aus einem Kürzel für das entsprechende Bundesland, z. B. NW für Nordrhein-Westfalen, und einem dreistelligen numerischen Code zusammensetzt, und ein Kürzel, wie z. B. EG für in der Europäischen Union erzeugte Produkte, enthalten (siehe Abb. 5) (vgl. VO (EG) Nr. 854/2004 Anh. I Kapitel III).

Gemäß der ‚Verordnung (EG) Nr. 853/2004 des Europäischen Parlaments und des Rates vom 29. April 2004 mit spezifischen Hygienevorschriften für Lebensmittel tierischen Ursprungs' müssen alle tierischen Erzeugnisse, welche nicht unter die Verordnung (EG) Nr. 854/2004 fallen, wie Fisch, Eiprodukte sowie Milch und Milcherzeugnisse, z. B. Käse, Yoghurt und Butter, ein Identitätskennzeichen tragen. Unternehmen, welche tierische Erzeugnisse in den Verkehr bringen möchten, müssen gemäß Artikel 4 der Verordnung von der zuständigen Behörde registriert bzw. zugelassen werden und den Anforderungen der Verordnung gerecht werden. Das Identitätskennzeichen muss ebenfalls in einer ovalen Form den Namen des Landes, in dem sich der Betrieb befindet, dessen Zulassungsnummer sowie das Kürzel EG für in der EU tätige Unternehmen aufweisen (siehe Abb. 6) (vgl. VO (EG) Nr. 853/2004 Anh. II).

Abbildung 5: Beispiel für ein Genusstauglichkeits- bzw. Identitätskennzeichen
Quelle: Eigene Darstellung

Mit dem Genusstauglichkeits- bzw. dem Identitätskennzeichen lässt sich nicht die ursprüngliche Herkunft ermitteln, sondern lediglich, wo das entsprechende Produkt zuletzt bearbeitet oder verpackt wurde. Von dort aus kann über das bestehende Betriebssystem zur Rückverfolgbarkeit über die weitere Herkunft nachgeforscht werden (vgl. BVL 2005).

4.4 Eier

Ab dem 01. Januar 2004 gilt die ‚Verordnung (EG) Nr. 2295/2003 der Kommission mit Durchführungsbestimmungen zur Verordnung (EWG) Nr. 1907/90 des Rates über bestimmte Vermarktungsnormen für Eier'. Hier wird in den Erwägungsgründen 2 und 4 die Möglichkeit der besseren Rückverfolgbarkeit mit technischem Fortschritt und der entsprechenden Verbrauchernachfrage bekräftigt, die durch eine Kennzeichnung der Eier mit dem Code des Erzeugerbetriebes sichergestellt werden soll. Dieser Erzeugercode sowie Name und Anschrift des Erzeugers, Zahl oder Gewicht der Eier, Lege- und Versanddatum sind vor dem Verlassen des Erzeugungsortes auf der Eierverpackung und in den Begleitpapieren anzugeben. Die Begleitpapiere müssen mindestens sechs Monate in der Packstelle zwecks Rückverfolgbarkeit aufgehoben werden (vgl. VO (EG) Nr. 2295/2003 Art. 1 Abs. 4). Die ordnungsgemäße Kennzeichnung der Eier mit dem Erzeugercode, welcher deutlich sichtbar und leicht lesbar sein muss, ist Aufgabe der Packstellen (vgl. VO (EG) Nr. 2295/2003 Art. 2 und 8). Die Pack- und Sammelstellen müssen bei der zuständigen Behörde einen Antrag auf Zulassung stellen und erhalten von dieser eine Zulassungskennnummer, welche aus dem Länderkennzeichen des Herkunftslandes, z. B. DE für Deutschland, gefolgt von der Legebetriebsnummer mit Stallnummer besteht (vgl. VO (EG) Nr. 2295/2003 Art. 4; KAT 2006). Dem vorangestellt wird die Angabe der Haltungsart, welche durch eine Ziffer codiert wird, z. B. steht die Ziffer 0 für ökologische Erzeugung (vgl. VO (EG) Nr. 2295/2003 Art. 13). Ein solcher Kennzeichnungscode kann beispielsweise lauten: 0-DE-1234501. Die ersten beiden Ziffern der Legebetriebsnummer codieren das Bundesland, in welchen der Legebetrieb ansässig ist, und die Ziffern 12 im genannten Code stehen für Brandenburg (vgl. KAT 2006). Anhand des Erzeugercodes, welcher auf die Eier aufgestempelt wird, ist eine eindeutige Identifizierung des Erzeugerbetriebes und somit Rückverfolgbarkeit der Eier bis zum Legehennenstall gewährleistet.

4.5 Gentechnisch veränderte Organismen

Seit Beginn der 90er Jahre gibt es Vorschriften zur Behandlung gentechnisch veränderter Organismen: Die Genehmigung der Freisetzung und Vermarktung von GVO ist durch die Richtlinie des Rates vom 23. April 1990 über die absichtliche Freisetzung genetisch veränderter Organismen in die Umwelt (90/220/EWG) geregelt worden, welche im März 2001 durch die Richtlinie 2001/18/EG abgelöst wurde. Für die Kennzeichnung und Zulassung von GVO wurden spezielle Regelungen in der Verordnung (EG) Nr. 258/97 des Europäischen Parlaments und des Rates vom 27. Januar 1997 über neuartige Lebensmittel und neuartige Lebensmittelzutaten getroffen, welche auch als Novel-Food-Verordnung bezeichnet wird.

Im Weißbuch zur Lebensmittelsicherheit ist die Harmonisierung der Bestimmungen von GVO in dessen Aktionsplan angeführt worden, woraus im September 2003 die Erlassung eigener Vorschriften für GVO über die Kennzeichnung und Rückverfolgbarkeit resultierte. Rechtlich gesehen zählen GVO nicht länger zu der Gruppe der neuartigen Lebensmittel und werden somit auch nicht mehr in der Novel-Food-Verordnung geregelt.

Mit den neuen Vorschriften sollen der Schutz der Gesundheit von Mensch, Tier und Umwelt garantiert, der freie Warenverkehr von gv Produkten in der EU gewährleistet und zugleich der zunehmenden Bedeutung und Erhöhung der Anbauflächen mit GVO Rechnung getragen werden. Im Jahr 2005 lagen diese in der Europäischen Union bei ca. 55 000 ha gv Mais, was in etwa 0,5 Prozent der Maisanbaufläche in der EU beträgt (vgl. TransGen 2006b). Im Folgenden werden die neuen Bestimmungen genauer erläutert.

4.5.1 Verordnung (EG) Nr. 1829/2003

Die Verordnung (EG) Nr. 1829/2003, welche seit dem 18. April 2004 angewandt wird, beschäftigt sich mit der Zulassung, Überwachung und Kennzeichnung von gentechnisch veränderten Lebens- und Futtermitteln. Die Einbeziehung der Futtermittel in die Verordnung stellt eine Neuerung dar, welche den ganzheitlichen Betrachtungsansatz ‚vom Acker bis zum Teller', wie er schon in der EU-Basis-VO erfolgte, aufgreift.

Eine einheitliche Kennzeichnung ist von entscheidender Wichtigkeit für eine erfolgreiche Rückverfolgbarkeit. Daher wird an dieser Stelle besonderes Augenmerk auf die neuen, strengeren Anforderungen an die Kennzeichnung gerichtet:

Gekennzeichnet werden müssen alle Lebensmittel, welche GVO enthalten, daraus bestehen, aus GVO hergestellt werden oder gv Zutaten enthalten und welche an den Endverbraucher abgegeben werden sollen (vgl. VO (EG) Nr. 1829/2003 Art. 12 Abs. 1). Dazu muss im Zutatenverzeichnis hinter der entsprechenden Zutat die Angabe genetisch verändert" oder „aus genetisch verändertem [Bezeichnung der Zutat] hergestellt" vermerkt bzw. mit einer Fußnote angezeigt werden (VO (EG) Nr. 1829/2003 Art. 13 Abs. 1). Fehlt ein Zutatenverzeichnis, so ist die Angabe „genetisch verändert" oder „aus genetisch verändertem [Bezeichnung des Organismus] hergestellt" deutlich auf dem Etikett zu notieren (VO (EG) Nr. 1829/2003 Art. 13 Abs. 1). Bei unverpackter Ware oder Kleinpackungen müssen die oben genannten Angaben auf oder in unmittelbarem Zusammenhang mit der Auslage des Lebensmittels dargestellt werden.

Wenn sich ein gv Lebensmittel von dem entsprechenden konventionellen Produkt in Zusammensetzung, Nährwert oder nutritiver Wirkung, Verwendungszweck sowie Auswirkungen auf die Gesundheit bestimmter Bevölkerungsgruppen, wie z. B. Allergiker, unterscheidet oder wenn dieses Lebensmittel Anlass zu ethischen oder religiösen Bedenken geben könnte, wie z. B. bei der Übertragung tierischer Gene auf pflanzliche Produkte, müssen auf dem Etikett alle Merkmale oder Eigenschaften gemäß der Zulassung angezeigt werden. Diese Angaben müssen auch erfolgen, wenn es keine entsprechenden konventionellen Produkte gibt (vgl. VO (EG) Nr. 1829/2003 Art. 13 Abs. 2).

Bei gv Futtermitteln muss die Angabe „genetisch veränderter [Bezeichnung des Organismus]" oder „aus genetisch verändertem [Bezeichnung des Organismus] hergestellt" direkt nach dem Namen des Futtermittels bzw. in einer Fußnote folgen und sie muss entweder in den Begleitpapieren, auf der Verpackung oder einem daran befestigten Etikett deutlich sichtbar und unauslöschlich erwähnt werden (VO (EG) Nr. 1829/2003 Art. 25). Wie bei den Lebensmitteln müssen auch bei den Futtermitteln von konventionellen Erzeugnissen abweichende Eigenschaften auf dem Etikett oder in den Begleitpapieren extra angegeben werden.

Nach dem Erwägungsgrund 21 der Verordnung (EG) Nr. 1829/2003 besteht Kennzeichnungspflicht unabhängig von der Nachweisbarkeit fremder DNA- oder Proteinanteile, welche durch gentechnische Veränderung in das Endprodukt gelangen. Dies soll Verbrauchern ihre Entscheidungsfreiheit sichern und sie vor einer potenziellen Irreführung hinsichtlich der Herstellungs- und Gewinnungsverfahren schützen (vgl. VO (EG) Nr. 1829/2003 Erwägungsgrund 21). Laut altem GVO-Recht war nur die Kennzeichnung von gv Lebensmitteln erforderlich, bei denen durch Analyse der Einsatz von Gentechnik nachgewiesen werden konnte. Nach der neuen Verordnung ist Rückverfolgbarkeit das entscheidende Element zum Nachweis der gentechnischen Veränderung. In Erwägungsgrund 23 heißt es hierzu: „Die Verordnung (EG) Nr. 1830/2003 ... gewährleistet, dass die einschlägigen Informationen über die genetische Veränderung in jeder Phase des Inverkehrbringens von GVO und daraus hergestellten Lebensmitteln und Futtermitteln verfügbar sind, und dürfte dadurch die präzise Kennzeichnung erleichtern".

Eine Ausnahme von der Kennzeichnung erfahren solche Lebens- und Futtermittel, welche einen gv Anteil von unter 0,9 Prozent enthalten, wenn dieser Anteil zufällig oder technisch nicht zu vermeiden ist (vgl. VO (EG) Nr. 1829/2003 Art. 12 und 24). Dieser Anteil kann in konventionelle Lebens- oder Futtermittel bei der Saatgutproduktion, dem Anbau, der Ernte, dem Transport oder der Verarbeitung eingetragen werden, wie Erwägungsgrund 24 darstellt. Als Übergangsregelung wird das Vorhandensein von in der EU noch nicht zugelassener GVO, die von der EBLS oder von einem wissenschaftlichen Ausschuss der EU als sicher eingestuft worden sind, mit einem Anteil von unter 0,5 Prozent erlaubt, solange dieser Anteil zufällig oder technisch nicht zu verhindern ist (vgl. VO (EG) Nr. 1829/2003 Art. 47). In diesem Fall ist weder eine Zulassung noch eine Kennzeichnung erforderlich. Gültig ist dieser Artikel für den Zeitraum von drei Jahren nach dem Geltungsbeginn der Verordnung (EG) Nr. 1829/2003, d. h. bis April 2007 (vgl. VO (EG) Nr. 1829/2003 Art. 47). Der Unternehmer muss sowohl beim Kennzeichnungs- als auch beim Zulassungsschwellenwert nachweisen können, dass er geeignete Schritte unternommen hat, um die Verunreinigung mit unerwünschten GVO zu unterbinden.

Darüber hinaus entfällt die Kennzeichnungspflicht für solche Lebens- und Futtermittel, die ‚mit' bzw. ‚mit Hilfe' eines GVO hergestellt werden und bei denen kein gv Ausgangsmaterial im Endprodukt zu finden ist (vgl. VO (EG) Nr. 1829/2003 Erwägungsgrund 16). Hierzu zählen Produkte, wie Fleisch, Milch oder Eier, die aus bzw. von Tieren gewonnen werden, welche mit gv Futtermitteln gefüttert oder mit gv Arzneimitteln behandelt worden sind, aber auch gv technische Hilfsstoffe, die nur während der Lebens- und Futtermittelherstellung verwendet wurden (vgl. VO (EG) Nr. 1829/2003 Erwägungsgrund 16). Der Wirtschafts- und Sozialausschuss (2002, Abs. 4.9) gibt in seiner Stellungnahme zu bedenken, dass durch diese Rechtslücke dem Verbraucher seine Wahlfreiheit entzogen wird und er nicht frei entscheiden kann, „ob er ein Produkt erwirbt, bei dessen Entstehung Gentechnik zum Einsatz kam oder nicht". Daher fordert der Ausschuss, die Kennzeichnung auch für „mit Hilfe" eines GVO hergestellte Produkte „so transparent und klar wie möglich" festzusetzen (Wirtschafts- und Sozialausschuss 2002, Abs. 4.8 und 6.2).

Ferner erfolgt mit der Verordnung (EG) Nr. 1829/2003 die Einrichtung eines Gemeinschaftsregisters durch die Europäische Kommission, welches die in der EU zugelassenen gv Lebens- und Futtermittel auflistet und der Öffentlichkeit zugänglich gemacht wird (vgl. VO (EG) Nr. 1829/2003 Art. 28). Das Register soll spezifische Produktinformationen, wie z. B. den Erkennungsmarker, sowie Studien zum Nachweis der Sicherheit der GVO enthalten (vgl. VO (EG) Nr. 1829/2003 Erwägungsgrund 39).

4.5.2 Verordnung (EG) Nr. 1830/2003

Ziel der Verordnung (EG) Nr. 1830/2003 ist die Schaffung eines harmonisierten Rechtsrahmens für die Rückverfolgbarkeit von gv Lebens- und Futtermitteln, um „die genaue Kennzeichnung, die Überwachung der Auswirkungen auf die Umwelt und gegebenenfalls auf die Gesundheit sowie die Umsetzung der geeigneten Risikomanagementmaßnahmen, erforderlichenfalls einschließlich des Zurückziehens von Produkten, zu erleichtern" (VO (EG) Nr. 1830/2003 Art. 1).

In Artikel 4 werden Bestimmungen zur Rückverfolgbarkeit und auch zur Kennzeichnung festgelegt: Der Unternehmer muss in der ersten Phase des Inverkehrbringens schriftlich an seinen Kunden die Informationen, dass ein Produkt GVO enthält oder daraus besteht sowie dessen spezifischen Erkennungsmarker, weitergeben. Dazu wird die EU-Kommission unter Artikel 8 verpflichtet, ein „System für die Entwicklung und Zuteilung von spezifischen Erkennungsmarkern für GVO" einzuführen (siehe dazu Kapitel 4.5.3, S.54). Die oben aufgeführten Angaben müssen weiterhin auf allen folgenden Stufen des Inverkehrbringens schriftlich mitgeteilt und dokumentiert werden. Bei aus GVO hergestellten Lebens- und Futtermitteln müssen die Angaben zu jeder einzelnen gv Lebensmittelzutat und zu jedem Futtermittelausgangserzeugnis oder Zusatzstoff schriftlich an den nachfolgenden Unternehmer übermittelt werden (vgl. VO (EG) Nr. 1830/2003 Art. 5).

Lebens- und Futtermittelunternehmer werden angehalten, interne Rückverfolgbarkeitssysteme für GVO aufzubauen, denn unter Artikel 4 Absatz 4 und Artikel 5 Absatz 2 wird gefordert, dass „nach jeder Transaktion ermittelt werden kann, von welchem Beteiligten und für welchen Beteiligten" ein GVO bereitgestellt worden ist. Somit muss eine eindeutige Zuordnung, welches gv Lebens- oder Futtermittel als Zutat in welchem Endprodukt verarbeitet worden ist, bewerkstelligt werden.

Mit Hilfe von Systemen und Verfahren müssen die oben genannten Informationen von jedem beteiligten Unternehmer für fünf Jahre gespeichert werden. Im Fall unvorhergesehener schädlicher Langzeitwirkungen eines GVO kann so der Produktions- und Vertriebsweg von gv Lebens- und Futtermitteln über alle Stufen nachgezeichnet werden (vgl. VO (EG) Nr. 1830/2003 Art. 4 und 5).

Für die Kennzeichnung fordert die Verordnung (EG) Nr. 1830/2003 bei vorverpackten Produkten die Bezeichnung „Dieses Produkt enthält genetisch veränderte Organismen" oder „Dieses Produkt enthält [Bezeichnung des Organismus/der Organismen], genetisch verändert" direkt auf dem Etikett und bei nicht vorverpackter Ware auf dem Behältnis, in welchem sich die Ware befindet (vgl. VO (EG) Nr. 1830/2003 Art. 4). Eine Ausnahme der Kennzeichnung ist bei Produkten mit einem GVO-Anteil, welcher unterhalb des in Verordnung (EG) Nr. 1829/2003 festgesetzten Schwellenwerts liegt, gegeben (vgl. VO (EG) Nr. 1830/2003 Art. 4).

Zur Sicherstellung, dass die Anforderungen der Verordnung (EG) Nr. 1830/2003 eingehalten werden, sind die Mitgliedstaaten verpflichtet, Inspektionen und Kontrollmaßnahmen mittels Tests und Stichproben durchzuführen (vgl. VO (EG) Nr. 1830/2003 Art. 9). Hierzu werden technische Leitlinien für Probenentnahme und Nachweis erstellt, um ein koordiniertes Konzept in allen Mitgliedstaaten zu sichern und den Kontrollbehörden die Überwachung zu erleichtern (vgl. VO (EG) Nr. 1830/2003 Art. 9).

Auch in dieser Verordnung wird die Einführung eines zentralen Gemeinschaftsregisters veranlasst, welches „alle verfügbaren Sequenzinformationen und Referenzmaterialien" zu den in der EU zugelassenen, aber auch, soweit möglich, zu den nicht zugelassenen GVO erfasst (VO (EG) Nr. 1830/2003 Art. 9).

4.5.3 Verordnung (EG) Nr. 65/2004

Die ‚Verordnung (EG) Nr. 65/2004 der Kommission vom 14. Januar 2004 über ein System für die Entwicklung und Zuweisung spezifischer Erkennungsmarker für genetisch veränderte Organismen' stützt sich auf Artikel 8 der Verordnung (EG) Nr. 1830/2003. Jedem, in der Europäischen Gemeinschaft zugelassenem GVO soll laut Erwägungsgrund 2 ein spezifischer Erkennungsmarker zugeordnet werden, um das Vorhandensein des GVO zu registrieren und dessen Transformationsereignis, welches Gegenstand der Zustimmung oder Genehmigung für das Inverkehrbringen eines GVO darstellt, festzuhalten.

Um innerhalb der EU und auch weltweit eine einheitliche und überschneidungsfreie Darstellung zu bewahren, wird ein bestimmtes Format für den Erkennungsmarker im Anhang der Verordnung festgelegt (siehe Abb. 6). Dieses richtet sich nach den von der Organisation für Wirtschaftliche Zusammenarbeit und Entwicklung (kurz OECD) geregelten Formaten, welche sie für ihre BioTrack-Produktdatenbank und das ‚Biosafety Clearing House' entwickelt hat (vgl. VO (EG) Nr. 65/2004 Erwägungsgrund 6).

| C | E | D | – | A | B | 8 | 9 | 1 | – | 6 |

Abbildung 6: Beispiel für einen spezifischen GVO-Erkennungsmarker
Quelle: Eigene Darstellung nach VO (EG) Nr. 65/2004 Anh.

Der Erkennungsmarker besteht aus drei Komponenten mit insgesamt neun alphanumerischen Zeichen: Dabei bezeichnet die erste Komponente den Antragsteller bzw. den Inhaber der Zustimmung für einen GVO, welche sich aus zwei oder drei alphanumerischen Zeichen zusammen setzt, die z. B. die ersten Buchstaben des Namens sein können. Die zweite Komponente besitzt, abhängig von der ersten Komponente, fünf oder sechs alphanumerische Zeichen, welche das spezifische Transformationsereignis des GVO verschlüsseln. Der Antragsteller wird aufgefordert, bei Erstellung seines spezifischen Erkennungsmarkers die OECD-BioTrack-Produktdatenbank, in welcher alle Erkennungsmarker aufgelistet werden, und das ‚Biosafety Clearing House' einzusehen, um „Konsistenz zu gewährleisten und Überschneidungen zu vermeiden" (VO (EG) Nr. 65/2004 Anh.; vgl. auch Art. 2). Die letzte Ziffer im Erkennungsmarker dient als Prüfziffer und ist immer ein numerisches Zeichen, da sie sich durch Addition der numerischen Werte jedes der alphanumerischen Zeichen errechnet. Dazu gibt es im Anhang der Verordnung eine Tabelle, welche jedem Buchstaben einen numerischen Wert zuordnet. Die Prüfziffer soll helfen, Fehler zu vermeiden, indem sie die Vollständigkeit des Erkennungsmarkers kontrolliert (vgl. VO (EG) Nr. 65/2004 Anh.).

GVO, welche erstmalig in den Verkehr gebracht werden, erhalten einen spezifischen Erkennungsmarker, den die Europäische Kommission oder die zuständige Behörde schnellstmöglich schriftlich dem ‚Biosafety Clearing House' mitteilt und der in das Register der EU-Kommission eingetragen wird (vgl. VO (EG) Nr. 65/2004 Art. 3). Gleiches gilt für GVO, welche vor Inkrafttreten der Verordnung (EG) Nr. 65/2004 auf dem Markt waren. Auch ihnen wird ein spezifischer Erkennungsmarker zugeteilt, welcher dem oben erläuterten Format entspricht (vgl. VO (EG) Nr. 65/2004 Art. 4; 5 und 6). Der Eintrag des spezifischen Erkennungsmarkers in das gemeinschaftliche Register befähigt die zuständige Behörde zu einer schnellen und einfachen Informationseinsicht über einen bestimmten GVO.

4.5.4 Gentechnikgesetz

Im Februar 2005 ist eine überarbeitete Version des deutschen Gentechnikgesetzes, kurz GenTG, in Kraft getreten, welche die europäische Freisetzungs-Richtlinie 2001/18/EG in nationales Recht umsetzt. Das GenTG übernimmt im großen Umfang Regelungen aus anderen europäischen Vorschriften, wie z. B. aus der Verordnung (EG) Nr. 1829/2003. Dies kann als überflüssig angesehen werden, da die Vorschriften der Verordnung verbindlich und unmittelbar in jedem Mitgliedstaat gelten, somit nicht in deutsches Recht überführt werden brauchen (vgl. TransGen 2006a).

Das GenTG dient dem Schutz vor schädlichen Auswirkungen und der Vorbeugung möglicher Gefahren durch gentechnische Verfahren und gv Produkte und soll den „rechtlichen Rahmen für die Erforschung, Entwicklung, Nutzung und Förderung der wissenschaftlichen, technischen und wirtschaftlichen Möglichkeiten der Gentechnik" schaffen (GenTG § 1). Neu hinzugekommen ist die Zweckbestimmung zur Gewährleistung, dass „Lebens- und Futtermittel, konventionell, ökologisch oder unter Einsatz gentechnisch veränderter Organismen erzeugt und in den Verkehr gebracht werden können" (GenTG § 1). Diese Möglichkeit der Koexistenz soll ein Nebeneinander verschiedener landwirtschaftlicher Anbaumethoden mit und ohne den Einsatz der Gentechnik sicherstellen, so dass Verbrauchern und auch Landwirten Wahlfreiheit ermöglicht wird (vgl. TransGen 2006a).

Unter § 4 wird eine ‚Zentrale Kommission für die Biologische Sicherheit' beim Bundesamt für Verbraucherschutz und Lebensmittelsicherheit (BVL), welches die zuständige Bundesoberbehörde darstellt, eingerichtet (vgl. auch GenTG § 31). Diese Kommission setzt sich aus einem ‚Ausschuss für gentechnische Arbeiten in gentechnischen Anlagen' und einem ‚Ausschuss für die Freisetzungen und Inverkehrbringen' zusammen (vgl. GenTG § 4). Die Ausschüsse prüfen und bewerten jeweils in ihrem Sachgebiet sicherheitsrelevante Fragen der Gentechnik, veröffentlichen dazu Empfehlungen und beraten die Bundesregierung und die Bundesländer in solchen Fragen (vgl. GenTG §§ 5 und 5a). Jährlich wird für die Öffentlichkeit ein Bericht über die Arbeit der Kommission herausgegeben.

Die Genehmigung zur Freisetzung und zum Inverkehrbringen von gv Produkten erteilt das BVL, nachdem in einem Genehmigungsverfahren die Zuverlässigkeit und Sachkunde des Betreibers überprüft worden sind, die erforderlichen Sicherheitsvorkehrungen gewährleistet werden und schädliche Auswirkungen auf die Gesundheit von Menschen, Tieren, Pflanzen und Umwelt nicht zu erwarten sind (vgl. GenTG §§ 14 und 16). Die Genehmigung für ein Inverkehrbringen wird für zehn Jahre erteilt und kann für weitere zehn Jahre verlängert werden, so wie es auch schon in der Verordnung (EG) Nr. 1829/2003 unter Artikel 7 rechtlich verankert wurde (vgl. GenTG § 16d).

Das GenTG fordert unter § 16a ebenso wie die Verordnung (EG) Nr. 1829/2003 unter Artikel 28 die Einführung eines Standortregisters, welches zum „Zweck der Überwachung etwaiger Auswirkungen von freigesetzten" GVO sowie zum „Zweck der Information der Öffentlichkeit" erstellt wird. Das Register wird in Deutschland vom BVL geführt und beinhaltet die Bezeichnung und den spezifischen Erkennungsmarker des GVO, dessen gentechnische Veränderung sowie das Grundstück der Freisetzung bzw. des Anbaus und dessen Größe. Diese Informationen müssen allgemein zugänglich sein (vgl. GenTG § 16a).

Zur Sicherung der Koexistenz der verschiedenen Anbaumethoden werden dem Unternehmer, welcher gv Produkte anbauen, weiterverarbeiten oder in den Verkehr bringen möchte, besondere Pflichten auferlegt: Er muss durch die Einhaltung der guten fachlichen Praxis Vorsorge leisten, dass unkontrollierte Einträge von gv Material in konventionell und ökologisch erzeugte Produkte verhindert werden (vgl. GenTG § 16b). Zur guten fachlichen Praxis gehört beim Anbau von gv Pflanzen beispielsweise die Einhaltung von Mindestabständen zu anderen Feldern, eine geeignete Sortenwahl oder die Nutzung von natürlichen Pollenbarrieren, um „Auskreuzungen in andere Kulturen und Wildpflanzen benachbarter Flächen zu vermeiden" (GenTG § 16b). Bei der Lagerung und Beförderung von GVO sind Vermischungen mit anderen Produkten durch räumliche Trennung und Reinigung der Lagerstätten, Behältnisse sowie der Beförderungsmittel zu vermeiden (vgl. GenTG § 16b). Die gute fachliche Praxis gilt nach § 36a als „wirtschaftlich zumutbar". Eine wesentliche Beeinträchtigung anderer Unternehmer liegt vor, wenn die Übertragung oder der Eintrag von gv Eigenschaften bei konventionell oder ökologisch erzeugten Produkten dazu führt, dass diese nicht in den Verkehr gebracht werden dürfen oder nur, wenn sie mit dem Hinweis auf eine gentechnische Veränderung versehen wurden oder wenn eine Kennzeichnung nach den für die Produktionsweise geltenden Rechtsvorschriften nicht länger möglich ist (vgl. GenTG § 36a). Verantwortlich für die Beeinträchtigung ist der Nutzungsberechtigte des GVO, welcher für die Verursachung der Übertragung oder des Eintrages von gv Material in Betracht kommt (vgl. GenTG § 36a).

Die Bestimmungen zur Kennzeichnung und zu den Kennzeichnungs- und Zulassungsschwellenwerten entsprechen denen der Verordnung (EG) Nr. 1829/2003 und wurden bereits an entsprechender Stelle erläutert (siehe Kapitel 4.5.1, S.49) (vgl. GenTG §§ 14 und 17b).

4.6 Ökologisch erzeugte Produkte

Die früher nur für einen Nischenmarkt produzierten ökologisch erzeugten Produkte sind in den letzten Jahren immer weiter ins Interesse der Verbraucher gerückt, insbesondere bei denjenigen, die eine Schädigung der Umwelt, Ressourcenverschwendung und die Zerstörung empfindlicher Ökosysteme eindämmen sowie auf den Einsatz von Gentechnik und Bestrahlung bei Lebensmitteln verzichten möchten (vgl. Europäische Kommission 2006c). Die erhöhten Preise für ökologisch erzeugte Produkte werden von den Verbrauchern akzeptiert, da sie in der ökologischen Erzeugung eine Garantie für sichere und hochwertige Lebensmittel sehen und da die ökologische Landwirtschaft umweltschonende und artgerechte Produktion gewährleistet (vgl. Europäische Kommission 2006c).

Im Zuge der erhöhten Nachfrage haben immer mehr Supermarktketten und auch Discounter ihr Sortiment durch Ökoprodukte erweitert, wodurch die Preisdifferenz zu konventionellen Produkten zurückgegangen ist und sich die Vielfalt der angebotenen ökologisch erzeugten Produkte deutlich erhöht hat. Die Zunahme der Verbrauchernachfrage hat ebenfalls dazu geführt, dass immer mehr Landwirte ihre Produktion auf den ökologischen Landbau umgestellt haben, so dass im Jahr 2005 knapp fünf Prozent der landwirtschaftlich genutzten Fläche in Deutschland von fast 17.000 Erzeugerbetrieben ökologisch bewirtschaftet wurde (vgl. Rehn 2006).

Gerade in der Biobranche, deren Potenzial in einer hohen Produktqualität und Produktsicherheit liegt, sind effiziente Qualitätssicherungsmaßnahmen von hoher Bedeutung, um zu verhindern, dass negative Einzelfälle wie z. B. die Nitrofenkrise die hohe Produktsicherheit anzweifeln lassen und so den Ruf der gesamten Branche schädigen (vgl. BÖLW 2004, S. 4). Somit wird Rückverfolgbarkeit zu einer „existenzsichernde(n) Maßnahme", die Unternehmen „ein ‚Sicherheitsnetz' für den Fall schafft, dass Bioware aufgrund von Betrügereien, der Feststellung von Rückständen oder anderer Ereignisse nicht die Anforderungen der EG-Bio-Verordnung erfüllt und als solche nicht in den Verkehr gebracht werden darf oder ggf. zurückgerufen werden muss" (BÖLW 2004, S. 5). Ein einheitlicher Rechtsrahmen für die Erzeugung, Kennzeichnung und Kontrolle ökologisch erzeugter Produkte schafft die Voraussetzung hierfür und ermöglicht darüber hinaus einen EU-weiten Warenverkehr.

4.6.1 Verordnung (EWG) Nr. 2092/91

Die Verordnung (EWG) Nr. 2092/91, auch als EG-Öko-VO bezeichnet, hat in ihrer ursprünglichen Fassung von 1991 nur für pflanzliche Erzeugnisse aus ökologischem Landbau gegolten. Seit 1999 werden auch die Erzeugung, Kennzeichnung und Kontrolle tierischer Erzeugnisse wie in den Erwägungsgründen vorgesehen durch diese Verordnung geregelt (vgl. Europäische Kommission 2006b).

Anwendung findet die Verordnung auf verarbeitete sowie nicht verarbeitete pflanzliche und tierische Agrarerzeugnisse sowie Tiere und Futtermittel, wenn diese als ökologisch erzeugte Produkte gekennzeichnet werden sollen (vgl. VO (EWG) Nr. 2092/91 Art. 1). Auch hier lässt sich der ganzheitliche Betrachtungsansatz ‚vom Acker bis zum Teller' sehr gut erkennen. Auf diesen Gedanken ist in der ökologischen Produktion und Verarbeitung von Lebens- und Futtermittel schon seit deren Anfängen besonderes Augenmerk gerichtet worden und war somit für ökologisch erzeugte Produkte schon zu einem weitaus früheren Zeitpunkt als für konventionell erzeugte Produkte ein wichtiges Thema.

Erzeugnisse dürfen auf dem Etikett, in der Werbung oder in den Geschäftspapieren mit der Bezeichnung ökologisch oder biologisch oder davon abgeleiteten Begriffe wie beispielsweise Öko- und Bio- gekennzeichnet werden, wenn die Erzeugnisse nach den in der EG-Öko-VO festgelegten Produktionsregeln gewonnen wurden und sich die Kennzeichnung eindeutig auf die landwirtschaftliche Erzeugung bezieht (vgl. VO (EWG) Nr. 2092/91 Art. 2 und Art. 5 Abs. 1). Der Verbraucher kann ohne den entsprechenden Hinweis nicht erkennen, ob ein Produkt aus ökologischem Landbau stammt. Somit schlägt eine einheitliche Etikettierung die „Brücke vom Erzeuger zum Verbraucher" und erhöht die Transparenz (Rathke 2002, S. 25). Laut der Erwägungsgründe sollen durch die EG-Öko-VO die Grundregeln, welche mindestens für die Kennzeichnung mit einem Hinweis auf ökologische Erzeugung erfüllt werden müssen, festgelegt werden. Der Artikel 5 zur Etikettierung stellt somit „die zentrale Vorschrift der Verordnung" dar und soll daher im Folgenden genauer erläutert werden (Rathke 2002, S. 136):

Laut Rathke (2002, S. 26 ff.) können drei verschiedene Kategorien in der Bezugnahme auf den ökologischen Landbau unterschieden werden, welche in einer entsprechenden Differenzierung der Etikettierungsvorschriften resultieren:

1. Sind in verarbeiteten Erzeugnissen mindestens 95 Prozent der Zutaten landwirtschaftlichen Ursprungs nach den Vorschriften der Verordnung (EWG) Nr. 2092/91 erzeugt worden, darf in der Verkehrsbezeichnung der Verweis auf den ökologischen Anbau erfolgen (vgl. VO (EWG) Nr. 2092/91 Art. 5 Abs. 3). Bei den restlichen fünf Prozent der Zutaten, seien sie landwirtschaftlichen oder nicht landwirtschaftlichen Ursprungs, darf es sich nur um Erzeugnisse handeln, welche im Anhang der Verordnung aufgeführt werden, wie z. B. Milchsäure, Kohlendioxid oder rosa Pfeffer (vgl. VO (EWG) Nr. 2092/91 Art. 5 Abs. 3 und Anh. VI). Diese Stoffe werden ausdrücklich für den Einsatz in verarbeiteten, ökologisch erzeugten Produkten zugelassen, wenn sie nicht in ausreichenden Mengen in Öko-Qualität zur Verfügung stehen (vgl. VO (EWG) Nr. 2092/91 Art. 5 Abs. 4). Zutaten, welche nach den Anforderungen des ökologischen Landbaus hergestellt werden, dürfen in ökologischen Erzeugnissen nicht zusammen mit den gleichen Zutaten verwendet werden, welche aus anderem, z. B. konventionellem, Landbau gewonnenen wurden (vgl. VO (EWG) Nr. 2092/91 Art. 5).

2. Wenn mindestens 70 Prozent der Zutaten landwirtschaftlichen Ursprungs nach den Vorschriften der EG-Öko-VO erzeugt wurden, darf ein Hinweis auf den ökologischen Anbau im Zutatenverzeichnis erfolgen (vgl. VO (EWG) Nr. 2092/91 Art. 5 Abs. 5a). Dabei muss eindeutig herausgestellt werden, welche Zutaten aus ökologischem Anbau stammen, beispielsweise mittels einer Fußnote. In Bezug auf die restlichen Zutaten gelten dieselben Regeln wie unter Punkt 1 erläutert. Der Hinweis muss in Farbe, Größe und Schrifttyp den anderen Angaben entsprechen und den Anteil an ökologisch erzeugten Zutaten mit dem Satz „X % der Zutaten landwirtschaftlichen Ursprungs sind nach den Grundregeln für den ökologischen (oder: biologischen) Landbau gewonnen worden" angeben (VO (EWG) Nr. 2092/91 Art. 5 Abs. 5a).

3. Sofern die Anforderungen des ökologischen Landbaus mit Ausnahme der Länge des Umstellungszeitraumes erfüllt werden und die Umstellung mindestens zwölf Monate vor der Ernte eingesetzt hat, dürfen pflanzliche Erzeugnisse mit dem Hinweis „hergestellt im Rahmen der Umstellung auf den ökologischen Landbau (oder: die biologische Landwirt-

schaft)" gekennzeichnet werden, sofern diese Erzeugnisse nur eine Zutat landwirtschaftlichen Ursprungs besitzen (VO (EWG) Nr. 2092/91 Art. 5 Abs. 5). Für tierische Produkte gibt es diese Möglichkeit nicht.

Für die Kennzeichnung von ökologisch erzeugten Futtermitteln gilt die ‚Verordnung (EG) Nr. 223/2003 der Kommission vom 5. Februar 2003 zur Festlegung von Etikettierungsvorschriften für Futtermittel, Mischfuttermittel und Futtermittel-Ausgangserzeugnisse aus ökologischem Landbau und zur Änderung der Verordnung (EWG) Nr. 2092/91 des Rates'. Bestehen mindestens 95 Prozent des Trockenmasseanteils des Einzel- oder Mischfuttermittels aus ökologisch produzierten Ausgangserzeugnissen, so darf laut Artikel 3 der Hinweis „aus ökologischem Landbau" oder „aus biologischer Landwirtschaft" erfolgen. Erzeugnisse, welche aus unterschiedlichen Prozentanteilen an ökologischen, aus der Umstellungsphase stammenden sowie konventionellen Futtermittelausgangserzeugnissen bestehen, können mit dem Vermerk „gemäß der Verordnung (EWG) Nr. 2092/91 im ökologischen Landbau (oder: in der biologischen Landwirtschaft) verwendbar" gekennzeichnet werden (VO (EG) Nr. 223/2003 Art. 3 Abs. 2). Dabei muss genau aufgelistet werden, welche Ausgangserzeugnisse aus ökologischem Landbau und welche aus dem Umstellungszeitraum stammen (vgl. VO (EG) Nr. 223/2003 Art. 4).

Unternehmer, welche ökologisch erzeugte Produkte herstellen, verarbeiten und/oder in den Verkehr bringen möchten, sind verpflichtet, ihre Tätigkeit bei der zuständigen Behörde anzumelden (vgl. VO (EWG) Nr. 2092/91 Art. 8). In Deutschland sind die Bundesländer für die Lebensmittelüberwachung verantwortlich, welche somit die jeweilige zuständige Behörde bestimmen (vgl. Rathke 2002, S. 178). Zur Meldung müssen die Unternehmer neben Namen und Anschrift auch die Art der Erzeugnisse, die Lage des Betriebes, den Zeitpunkt, seit wann die Umstellung auf ökologische Erzeugung erfolgte, sowie den Namen der zugelassenen Kontrollstelle, welche für den Betrieb zuständig ist, angeben (vgl. VO (EWG) Nr. 2092/91 Anh. IV). Künftig werden die Betriebe einem gebührenpflichtigen Kontrollverfahren unterstellt, welches durch eine Kontrollbehörde oder von zugelassenen privaten Kontrollstellen durchgeführt wird (vgl. VO (EWG) Nr. 2092/91 Art. 9). Jede Kontrollstelle führt ein Verzeichnis, in welchem die ihr unterstellten Betriebe aufgeführt werden, und übergibt dieses jährlich zusammen mit einem Bericht der zuständigen Behörde (vgl. VO (EWG) Nr. 2092/91 Art. 9 Abs. 8b). Somit werden alle Betriebe, welche in irgendeiner Weise mit ökologisch erzeugten Produkten handeln, europaweit erfasst, wodurch in Krisensituationen eine erhebliche Erleichterung für die Identifizierung der Kettenteilnehmer und somit für die Rückverfolgbarkeit erzielt wird.

Die Durchführung der Verordnung (EWG) Nr. 2092/91 wird in Deutschland durch das ‚Gesetz zur Durchführung der Rechtsakte der Europäischen Gemeinschaft auf dem Gebiet des ökologischen Landbaus', kurz Öko-Landbaugesetz (ÖLG), geregelt. Hier wird unter § 2 die Bundesanstalt für Landwirtschaft und Ernährung (BLE) für die Zulassung der privaten Kontrollstellen verpflichtet, welche jeder zugelassenen Kontrollstelle eine Codenummer zuteilt. Diese werden in einer Liste der EU-Kommission jährlich im Amtsblatt der Europäischen Gemeinschaften veröffentlicht. Sie sind zwingender Bestandteil der Etikettierung ökologisch erzeugter Produkte (vgl. VO (EWG) Nr. 2092/91 Art. 5 und 9 Abs. 6a). Der Aufbau der Codenummer erfolgt in Deutschland nach folgendem Prinzip: DE-000-Öko-Kontrollstelle, wobei die ersten beiden Buchstaben den EU-Mitgliedstaat bezeichnen und die dreistellige Ziffer die jeweilige Kontrollstelle codiert.

Die Betriebskontrollen erfolgen mindestens einmal pro Jahr, wobei noch zusätzliche Stichprobenkontrollen durchgeführt werden, insbesondere in Betrieben, in denen ein spezifisches Risiko wie z. B. Mischung ökologisch erzeugter Produkte mit anderen Erzeugnissen besteht. Dabei können Proben entnommen werden, welche auf den Einsatz unzulässiger Mittel oder Produktionsmethoden untersucht werden (vgl. VO (EWG) Nr. 2092/91 Anh. III Abs. 5).

Insbesondere bei der Fleischproduktion muss darauf geachtet werden, dass die Kontrollen auf allen „Stufen der Erzeugung, Schlachtung, Zerlegung und alle sonstigen Aufbereitungen bis hin zum Verkauf an den Verbraucher" erfolgen und so die Rückverfolgbarkeit „soweit dies technisch möglich ist" von dem Betrieb der Tieraufzucht bis zum Betrieb der Verpackung und Kennzeichnung sichergestellt wird (VO (EWG) Nr. 2092/91 Art. 9 Abs. 12). Dazu müssen die einzelnen Tiere dauerhaft eine artgerechte Kennzeichnung erhalten und es müssen Haltungsbücher in Form von Registern erstellt werden (siehe zu diesem Thema auch Kapitel 4.2, S. 42). Diese müssen lückenlos die Tierbestände wiedergeben, was durch die Aufzeichnung von Tier-Neuzugängen, -Abgängen sowie -Verlusten gewährleistet wird. Des Weiteren müssen die verwendeten Futtermittel und die Futtermittelrationen sowie Art und Zeitpunkt tierärztlicher Behandlungen und der Krankheitsvorsorge dokumentiert werden (vgl. VO (EWG) Nr. 2092/91 Anh. III Abs. A2).

Auch für andere tierische Erzeugnisse sollen die im Anhang III der Verordnung festgesetzten Maßnahmen wie Kontrollbesuche und Buchführung (s. u.) für Rückverfolgbarkeit sorgen, damit den Verbrauchern die Gewähr geboten wird, dass die Erzeugnisse den Vorschriften der EG-Öko-VO entsprechen (vgl. VO (EWG) Nr. 2092/91 Art. 9 Abs. 12).

Zur Demonstration, dass ein Erzeugnis dem Kontrollverfahren unterzogen wurde und mit den Vorschriften der EG-Öko-VO übereinstimmt, darf ein Vermerk und/oder ein Gemeinschaftsemblem auf der Verpackung angebracht werden (siehe Abb. 7) (vgl. VO (EWG) Nr. 2092/91 Art. 10 Abs. 1). So kann der Verbraucher auf einen Blick die ökologische Herkunft des Produktes erkennen.

Abbildung 7: Deutsche Fassung des Gemeinschaftsemblems
Quelle: EG-Öko-VO Anh. V

In Anhang V wird für Deutschland ein Vermerk mit dem Wortlaut „Ökologischer Landbau – EG-Kontrollsystem" oder „Biologische Landwirtschaft – EG-Kontrollsystem" festgelegt und die graphischen Vorgaben für das Gemeinschaftsemblem angegeben (VO (EWG) Nr. 2092/91 Anh. V). Bei den Verbrauchern darf keinesfalls durch einen entsprechenden Hinweis der Eindruck erweckt werden, dass der Vermerk als eine „Garantie für besseren Geschmack, Nährwert oder bessere Gesundheitsverträglichkeit" angesehen werden kann (VO (EWG) Nr. 2092/91 Art. 10 Abs. 2).

Um Rückverfolgbarkeit über die gesamte Herstellungskette zu ermöglichen, muss jeder Betrieb Bestands- und Finanzbücher führen. In diesen müssen Aufzeichnungen lückenlos über Art, Menge und Lieferanten bzw. Verkäufer der zugekauften Materialien sowie deren Verwendung Aufschluss geben. Ebenfalls müssen Art, Menge und Empfänger bzw. Käufer der verkauften Agrarerzeugnisse erfasst und jeweils mit Belegen dokumentiert werden. Das Mengenverhältnis von eingesetzten Rohstoffen und erzeugten Produkten muss aus diesen Büchern ersichtlich sein (vgl. VO (EWG) Nr. 2092/91 Anh. III Abs. 6).

4.6.2 Neuer Verordnungsvorschlag

Wie im Europäischen Aktionsplan für ökologische Landwirtschaft und ökologisch erzeugte Lebensmittel vorgesehen, ist Ende 2005 ein Vorschlag für eine Verordnung des Rates über die ökologische/biologische Erzeugung und die Kennzeichnung von ökologischen/biologischen Erzeugnissen mit dem Ziel verfasst worden, eine einfachere, klarere und transparentere Rechtslage zu schaffen (vgl. EU-Kommission 2005). Die Neufassung des Öko-Rechts soll ab 01. Januar 2009 gelten und insbesondere bei der Kennzeichnung für eine Vereinheitlichung sorgen. Unter Artikel 18 des VO-Vorschlages würden als zwingende Bestandteile der Etikettierung ökologisch erzeugter Produkte die Codenummer der zuständigen Kontrollstelle sowie ein Gemeinschaftslogo vorgeschrieben. Wer das Gemeinschaftslogo nicht verwenden möchte, wäre verpflichtet den Hinweis „EU-ÖKOLOGISCH" oder „EU-BIOLOGISCH" auf dem Etikett anzubringen. Allgemeine Aussagen zu einer strengeren Einhaltung von Erzeugungsvorschriften, wie sie beispielsweise durch Anbauverbände erfolgen, würden unter Artikel 20 in der Etikettierung und Werbung verboten.

Bei den Anbauverbänden ist der Verordnungsvorschlag auf heftige Kritik gestoßen. Sie sehen in dem Verordnungsvorschlag „keinen sinnvollen Rahmen für die Weiterentwicklung des ökologischen Landbaus und die Bewahrung seiner Identität" und befürchten „Schaden für die weitere Entwicklung der ökologischen Landwirtschaft" (Bioland Verlags GmbH 2006a). Die neue Einheitskennzeichnung unterstütze eine Einheitsqualität, welche sich im Zweifelsfall nach unten bewegen werde (vgl. Bioland Verlags GmbH 2006b).

Der massive Einspruch der gesamten Biobranche auch in anderen EU-Mitgliedstaaten kündigt weitere Diskussionen an, welche zu umfangreichen Änderungen in dem bisherigen Verordnungsvorschlag führen können, so dass abzuwarten bleibt, in welcher Form dieser endgültig verabschiedet wird. Daher soll hier nicht weiter auf den Verordnungsvorschlag eingegangen werden.

4.6.3 Öko-Kennzeichengesetz und -verordnung

Das ‚Gesetz zur Einführung und Verwendung eines Kennzeichens für Erzeugnisse des ökologischen Landbaus', kurz Öko-Kennzeichengesetz (ÖkoKennzG), genehmigt die Kennzeichnung für nach der EG-Öko-VO erzeugte Produkte mit einem Öko-Kennzeichen (vgl. ÖkoKennzG § 1). Für die Gestaltung, Verwendung und Anzeigepflicht der Verwendung des nationalen Öko-Kennzeichens hat das Bundesministerium für Verbraucherschutz, Ernährung und Landwirtschaft die ‚Verordnung zur Gestaltung und Verwendung des Öko-Kennzeichens', kurz Öko-Kennzeichenverordnung (ÖkoKennzV), im Februar 2002 erlassen. Hier werden die genaue Form und der Wortlaut des auch als Bio-Siegel bezeichneten Öko-Kennzeichens festgelegt (siehe Abb. 8), welches auf der Verpackung zum „Zwecke der Werbung oder der sonstigen Unterrichtung des Verbrauchers" angebracht werden kann (ÖkoKennzV §§ 1 und 2). Das Bio-Siegel darf für nicht verarbeitete pflanzliche und tierische Agrarerzeugnisse sowie verarbeitete Produkte mit mindestens 95 Prozent der Zutaten aus ökologischer Erzeugung verwendet werden, wenn die Zeit der Umstellung des Betriebes abgeschlossen ist (BLE 2006a).

Abbildung 8: Öko-Kennzeichen bzw. Bio-Siegel
Quelle: ÖkoKennzV Anlage 1

Wenn ein Unternehmer das Öko-Kennzeichen auf einem Etikett verwenden möchte, muss er dieses Vorhaben der BLE, welche diese Aufgabe seit dem 01. Januar 2006 übernommen hat, vor dem ersten Verwenden ankündigen und ein Musteretikett vorlegen (vgl. BLE 2006b). Über 1 700 Unternehmen mit über 32 000 Produkten nutzen zurzeit das Bio-Siegel, welches als „bundeseinheitliches Zeichen" Transparenz schafft und als „verlässliche Orientierungshilfe angesichts der vielfältigen Biozeichen im Markt" angesehen wird

(BMELV 2006b). Die klare Botschaft des Bio-Siegels „Wo Bio drauf steht – ist auch Bio drin" hilft Verbrauchern ökologisch erzeugte Produkte schnell und einfach zu identifizieren und eventuelle Echtheitszweifel auszuräumen (BMELV 2006b).

4.6.4 Anforderungen ökologischer Anbauverbände

Laut Rathke (2002, S. 391) gibt es in Deutschland zurzeit neun Anbauverbände für ökologischen Landbau, welche einen Zusammenschluss von ökologisch erzeugenden Unternehmen darstellen, um eine gemeinsame Vermarktung und Kontrolle der Verbandsware mit eigenen Warenzeichen zu fördern. Die größten Anbauverbände sind Demeter, Bioland und Naturland, welche ihre Produkte überwiegend in Bioläden und Reformhäusern anbieten.

Die teilnehmenden Unternehmen erhalten die jeweiligen Richtlinien ihres Verbandes, welche seit 1984 auf gemeinsamen deutschen Richtlinien beruhen, welche „durch langjährige Erfahrung der Pioniere im Öko-Landbau praxisgerecht gestaltet werden konnten" (Rathke 2002, S. 392). Die Arbeitsgemeinschaft Ökologischer Landbau e. V. (AGÖL) ist von 1988 bis 2002 der Dachverband der deutschen Anbauverbände gewesen, welcher die Richtlinien verfasst hat. Der Bund Ökologische Lebensmittelwirtschaft e. V. (BÖLW) bildet die Nachfolgerorganisation des AGÖL, welcher politische Rahmenbedingungen gestalten und die Qualitätssicherung verbessern möchte (vgl. Ministerium für Umwelt und Naturschutz, Landwirtschaft und Verbraucherschutz des Landes Nordrhein-Westfalen 2005).

Die Richtlinien dienen als praktische Arbeitsanleitung für Erzeuger und Verarbeiter und enthalten Listen über die zugelassenen Dünge- und Pflanzenschutzmittel sowie über die zulässigen Zusatzstoffe. Die AGÖL-Richtlinien liefern den Mindeststandard der Richtlinien der einzelnen Anbauverbände und sind bei der Erarbeitung der Vorschriften der EG-Öko-VO hinzugezogen worden (vgl. Rathke 2002, S. 393). Die Produkte der Anbauverbände erfüllen somit den höchsten Standard, den es zurzeit für ökologisch erzeugte Produkte gibt.

Die AGÖL- und die Verbandsrichtlinien stellen ein gutes Beispiel dar, wie „im ökologischen Landbau die Rückverfolgbarkeit und Kennzeichnung von den Akteuren selbst privatwirtschaftlich organisiert und finanziert wurde", lange bevor es rechtliche Rahmenbedingungen hierzu gegeben hat (Jaksche 2004, S. 5).

4.6.4.1 Demeter

Die biologisch-dynamische Wirtschaftsweise beruht auf Vorträgen von Dr. Rudolf Steiner, welche dieser 1924 gehalten hat und auf deren Angaben der ‚Versuchsring anthroposophischer Landwirte' die praktische Umsetzung in der Landwirtschaft erprobte (vgl. Demeter 2006). Der Anbauverband Demeter-Bund e. V. hat sich aus diesem Versuchsring entwickelt und stellt den ältesten Anbauverband Deutschlands dar (vgl. Rathke 2002, S. 391). Aus diesem Grund soll im Folgenden beispielhaft auf den Verband genauer eingegangen werden, um die strengeren Bestimmungen gerade in Hinblick auf die Kennzeichnung und Kontrolle zu verdeutlichen.

Demeter ist „das Markenzeichen für Produkte aus biologisch-dynamischer Wirtschaftsweise" und darf nur von streng kontrollierten Vertragspartnern genutzt werden (Demeter 2006). Das zweifache Kontrollsystem aus einer jährlich durchgeführten, staatlichen Kontrolle gemäß der EG-Öko-VO und einer regelmäßigen Kontrolle der Einhaltung der Demeter-Richtlinien durch den Verband sichert einen einheitlich hohen Standard sowie eine lückenlose Überprüfung vom Anbau bis zur Verarbeitung (vgl. Demeter 2006).

Die Anforderungen der Demeter-Richtlinien gehen weit über die der EG-Öko-VO hinaus und verlangen eine „gezielte Förderung der Lebensprozesse im Boden und in der Nahrung" (Demeter 2006). Die biologisch-dynamische Wirtschaftsweise gilt als die „nachhaltigste Form der Landbewirtschaftung", welche die „gestaltenden Kräfte des Kosmos" in die tägliche Arbeit bei Aussaat und Tierzucht mit einbezieht (Demeter 2006).

Demeter ist auf allen Kontinenten vertreten und in 38 Ländern werden die international gültigen Demeter-Richtlinien in über 3200 Betrieben mit ca. 100 000 ha Fläche konsequent angewandt (vgl. Demeter 2006).

Die Richtlinie für die Kennzeichnung von Demeter-Erzeugnissen gestattet nur Betrieben mit einem gültigen Vertrag mit dem Demeter-Bund e. V. die Nutzung des eingetragenen Markenzeichens (siehe Abb. 9) (vgl. Forschungsring für Biologisch-Dynamische Wirtschaftsweise 2005).

Abbildung 9: Demeter-Markenbild
Quelle: Demeter 2006

Die Demeter-Kennzeichnungsrichtlinie schreibt als Bedingung für die Demeter-Kennzeichnung vor, dass die Bestimmungen der Demeter-Verarbeitungsrichtlinien und der EG-Öko-VO eingehalten werden und dass mindestens 95 Prozent des Produktes ökologisch erzeugt wurden (vgl. Forschungsring für Biologisch-Dynamische Wirtschaftsweise 2005). Die Demeter-Leitaussage „demeter ist die Marke für Lebensmittel aus (kontrolliert) biologisch-dynamischer Erzeugung" kann auf dem Etikett erfolgen, wobei das Wort ‚kontrolliert' optional verwendet werden darf.

Die Richtlinie differenziert für die weitere Demeter-Kennzeichnung fünf verschiedene Produktkategorien (vgl. Forschungsring für Biologisch-Dynamische Wirtschaftsweise 2005):

1. Das Demeter-Markenbild darf der Verkehrsbezeichnung vorangestellt werden, wenn mindestens 90 Prozent der Zutaten Demeter-Qualität besitzen, wobei im Zutatenverzeichnis vor der entsprechenden Zutat der Hinweis ‚demeter' in Schriftform erfolgt.

2. Eine Ausnahmeregelung gilt für Produkte mit mindestens 66 Prozent Demeter-Zutaten, wenn weniger als 90 Prozent der Zutaten mit Demeter-Zertifizierung verfügbar sind. Hier können maximal 33 Prozent aus Zutaten aus Demeter-Umstellung oder ökologischer Erzeugung stammen. Das Demeter-Markenbild darf verwendet werden, aber die von der Demeter-Qualität abweichenden Zutaten müssen durch eine Fußnote im Zutatenverzeichnis entsprechend gekennzeichnet werden. Eine Ausnahmegenehmigung muss bei der zuständigen Demeter-Organisation beantragt werden.

3. Eine weitere Ausnahme gilt für Erzeugnisse mit Zutaten aus Seefisch oder aus Wildsammlung, z. B. Pflanzen und Pilze.

Hier müssen mindestens 70 Prozent der Zutaten Demeter-zertifiziert sein, um das Demeter-Markenbild auf dem Etikett abbilden zu dürfen. Im Zutatenverzeichnis muss mit einer Fußnote auf die Verwendung von Seefisch oder Wildsammlung aufmerksam gemacht werden.

4. Bei Produkten, welche mindestens 10 Prozent der Zutaten in Demeter-Qualität besitzen, kann die Auslobung der entsprechenden Zutaten mit ‚demeter' in Schriftform im Zutatenverzeichnis stattfinden.

5. Befindet sich ein Unternehmen in Umstellung auf Demeter-Erzeugung und besteht das Produkt aus nur einer Zutat landwirtschaftlichen Ursprungs, so kann der Schriftzug „In Umstellung auf demeter" vor die Verkehrsbezeichnung gestellt werden. Der laut Artikel 5 der EG-Öko-VO vorgeschriebene Hinweis „hergestellt im Rahmen der Umstellung auf den ökologischen Landbau (oder: die biologische Landwirtschaft)" muss ebenfalls erfolgen. Wird ein Produkt seit mindestens zwölf Monaten nach den Demeter-Anbaurichtlinien erzeugt und ist der Betrieb Demeter-zertifiziert, kann das Demeter-Markenbild verwendet werden, wenn mindestens 90 Prozent der Zutaten von diesem Unternehmen stammen. Im Zutatenverzeichnis müssen die entsprechenden Zutaten durch eine Fußnote mit dem Hinweis „In Umstellung auf demeter" gekennzeichnet werden.

5. Vergleich der rechtlichen Situationen von gentechnisch veränderten und ökologisch erzeugten Produkten

Im vorherigen Kapitel sind spezielle Vorschriften zur Rückverfolgbarkeit bei verschiedenen Erzeugnissen veranschaulicht worden. Dabei wurden die Bestimmungen für GVO und ökologisch erzeugte Produkte ausführlicher behandelt, da es zu ihnen umfangreiche eigene Rechtsvorlagen gibt.

Der folgende Vergleich der rechtlichen Bedingungen von gentechnisch veränderten und ökologisch erzeugten Produkten soll Gemeinsamkeiten und Unterschiede herausstellen, welche in der Gesetzgebung zu diesen beiden sehr verschiedenen Produktkategorien vorliegen.

5.1 Gemeinsamkeiten

Zunächst einmal handelt es sich sowohl bei gentechnisch veränderten als auch bei ökologisch erzeugten Produkten um Erzeugnisse, für die produktspezifische Rechtsvorschriften erlassen worden sind, welche über die Bestimmungen für konventionelle Lebens- und Futtermittel hinausgehen. Bei beiden Produkten besteht also ein gewisser Regelungsbedarf, um freien Warenverkehr sowie Gesundheitsschutz für Menschen, Tiere und Umwelt durch hohe Produktsicherheit zu gewährleisten. Auf Grund dessen soll die rechtliche Lage dieser Erzeugnisse genauer betrachtet und verglichen werden.

Der Schutz vor Täuschung des Verbrauchers ist ein wichtiges politisches Anliegen. Da Ökoprodukte einen höheren Preis am Markt erzielen, ist es wichtig, deren Authentizität zu bewahren. Um dem Verbraucher die Wahlfreiheit in Bezug auf seine Lebensmittel zu sichern und eine Irreführung zu vermeiden, muss die Einmischung von GVO in ökologische und auch in konventionelle Produkte verhindert werden. Sowohl bei ökologisch erzeugten Produkten als auch bei hoch verarbeiteten gv Erzeugnissen ist eine analytische Differenzierung zu konventionellen Produkten nicht möglich, so dass die Unternehmen ihre Aufrichtigkeit durch lückenlose und gut funktionierende Rückverfolgbarkeitssysteme festigen müssen. Die rechtlichen Bestimmungen legen für beide Produktkategorien klare Anweisungen zur Rückverfolgbarkeit fest, wonach Systeme und Verfahren eingerichtet werden müssen, um die Abläufe im Unternehmen genau abzubilden, zu dokumentieren und für andere, insbesondere die zuständigen Behörden, nachvollziehbar zu machen.

Durch die Aufzeichnung der Lieferungen von erworbenen Produkten und deren Lieferanten bzw. Verkäufern sowie der verkauften Erzeugnisse und deren Käufern kann der Weg eines Erzeugnisses vom Erzeugerbetrieb über den Verarbeitungsprozess bis zum Handel rückverfolgt werden.

Zur Überprüfung, dass die rechtlichen Vorschriften zur Rückverfolgbarkeit eingehalten werden, sind für GVO nutzende sowie ökologisch erzeugende Unternehmen bestimmte Kontrollverfahren vorgeschrieben. Die EU-Mitgliedstaaten sind verpflichtet, sich um Kontrollen in Unternehmen zu kümmern, welche GVO herstellen, verarbeiten und in den Verkehr bringen. Für Unternehmen, welche Produkte nach der EG-Öko-VO erzeugen, gibt es zugelassene Kontrollstellen, die eine jährliche Inspektion in den Betrieben durchführen, um die Einhaltung der Verordnungsvorschriften zu überprüfen, und deren Codenummer auf jedem ökologisch erzeugten Produkt vermerkt werden muss, um die stattgefundenen Kontrollmaßnahmen zu demonstrieren.

Für eine funktionsfähige Rückverfolgbarkeit ist eine einheitliche Kennzeichnung der Produkte unerlässlich. Der Rechtsrahmen sieht dazu für gv Produkte vor, diese bei Inverkehrbringen mit dem Satz ‚genetisch verändert' oder ‚aus genetisch verändertem [Bezeichnung des Organismus] hergestellt' zu kennzeichnen, um Verbrauchern die Wahlfreiheit in Bezug auf die konsumierten Lebensmittel, für Landwirte auch in Bezug auf die genutzten Futtermittel und das Saatgut zu sichern. Die Kennzeichnung mit einem spezifischen Erkennungsmarker erfolgt nur intern, d. h. diese Information muss von einem Unternehmen zum nächsten weitergegeben werden, aber nicht an den Endverbraucher. Die Unternehmer und auch die zuständigen Behörden können mittels des Erkennungsmarkers schnell und einfach sämtliche Informationen über einen GVO einsehen, für die Verbraucher ist dies nicht vorgesehen. Zwar erhält die Öffentlichkeit Zugang zu dem Gemeinschaftsregister, welches sämtliche Informationen der in der EU zugelassenen GVO auflistet, aber ohne den spezifischen Erkennungsmarker ist die Bestimmung des exakten GVO nicht möglich.

Auch für ökologisch erzeugte Produkte gibt es einheitliche Kennzeichnungsvorschriften, welche sich nach dem ökologisch erzeugten Anteil in einem Erzeugnis richten. So kann entweder in der Verkehrsbezeichnung oder in der Zutatenliste auf den ökologischen Anbau oder die Umstellung auf diesen verwiesen werden. Des Weiteren gibt es sowohl ein europaweites als auch ein deutsches Öko-Kennzeichen, um Verbrauchern durch ein Symbol die Erkennung ökologisch erzeugter Produkte zu erleichtern und so die Transparenz und Abgrenzung zu anderen Erzeugnissen zu erhöhen. Die schon erwähnte Codenummer der Kontrollstellen muss auf jedem Ökoprodukt angegeben werden. So wird Verbrauchern die Gewissheit gegeben, dass die Vorschriften der EG-Öko-VO eingehalten und die Einhaltung überprüft wurden. Die Listen der zugelassenen Kontrollstellen und die zugehörigen Codenummern werden veröffentlicht, so dass jeder Verbraucher in Erfahrung bringen kann, welche Kontrollstelle für das von ihm erworbene Produkt zuständig ist.

5.2 Unterschiede

Im Hinblick auf die Verbraucherakzeptanz bestehen große Unterschiede zwischen beiden Produktarten: Während ökologisch erzeugte Produkte als sichere und hochwertige Alternative zu konventionellen Erzeugnissen angesehen werden, insbesondere in Zeiten, in denen die Medien regelmäßig über verschiedene Lebensmittelskandale berichten, steht die Mehrzahl der Verbraucher gentechnisch veränderten Produkten skeptisch bis ablehnend gegenüber. Ökologische Erzeugung wird mit einer besseren Verträglichkeit für die Umwelt und Ökosysteme beworben. Ökologisch erzeugte Produkte werden als erstklassige, natürliche und vor allem gut kontrollierte Lebensmittel angepriesen, so dass sich das ausgezeichnete Image von Ökoprodukten in einer erhöhten Nachfrage widerspiegelt.

Dem gegenüber steht die Unsicherheit der Verbraucher im Hinblick auf den Einsatz der Gentechnik. Viele Verbraucher sind nicht ausreichend über die Funktionsweise der gentechnischen Veränderung aufgeklärt und negative Schlagzeilen in den Medien haben die kritische Haltung der Verbraucher noch verstärkt. Die fehlende Gewissheit, wie sich GVO auf die Umwelt oder auf die eigene Gesundheit auswirken können, erhöht die Unsicherheit zusätzlich. Gentechnik wird als Bedrohung wahrgenommen, deren Nutzen für den Verbraucher fraglich erscheint, so dass in Umfragen 70 Prozent der befragten Personen eine ablehnende Haltung gegenüber GVO einnehmen (vgl. Richter 2002, S. A 606).

Die Einführung rechtlicher Rahmenbedingungen erfolgte sowohl bei gv als auch bei ökologisch erzeugten Produkten auf europäischer Ebene Anfang der 90er Jahre. Spezifische Richtlinien zum ökologischen Landbau durch die Anbauverbände wurden allerdings schon sehr viel früher verfasst, welche als Grundlage der EG-Öko-VO dienten. Somit ist die Geschichte einheitlicher Bestimmungen bei ökologisch erzeugten Produkten sehr viel älter als die bei GVO, was sich mit der jüngeren Entwicklung der Gentechnik erklären lässt. Im Bereich der ökologischen Erzeugung gibt es schon lange einheitliche Richtlinien, welche sich die ökologisch erzeugenden Betriebe selbst auferlegt haben, lange bevor es rechtliche Anforderungen für Ökoprodukte gab, und welche oft sehr viel schärfere Maßnahmen vorschreiben als die entsprechenden Rechtsvorschriften. Eine einheitliche Kennzeichnung sowie Rückverfolgbarkeit ist für die ökologischen Anbauverbände schon lange ein wichtiges Thema, allein schon aus dem Grund, ihre Produkte von konventionellen Erzeugnissen abzugrenzen und sich einen Markt für ökologisch erzeugte Produkte zu schaffen.

Für GVO wurden diese Gesichtspunkte erst 2003 einheitlich geregelt, um die Wahlfreiheit der Verbraucher und Landwirte zu gewährleisten.

Ökologisch erzeugende Betriebe werden aus eigenem Interesse eine einheitliche Kennzeichnung ihrer Produkte anstreben, wie die Entwicklung der Richtlinien durch die Anbauverbände gezeigt hat, um das positive Image von ökologischen Erzeugnissen zu nutzen, wohingegen Betriebe, welche gv Produkte erzeugen, vorzugsweise auf die Kennzeichnung aufgrund der fehlenden Verbraucherakzeptanz verzichten würden.

Sowohl für Unternehmen, welche mit GVO arbeiten, als auch für Unternehmen, welche Ökoprodukte erzeugen, ist die Registrierung ihrer Tätigkeit bei der jeweils zuständigen Behörde vorgeschrieben. Abgesehen von dieser Übereinstimmung bestehen große Unterschiede über die Art der Registrierung.

Für die Freisetzung oder das Inverkehrbringen von gv Produkten muss der Unternehmer seine Kompetenz und seinen Sachverstand im Hinblick auf die Handhabung von GVO nachweisen und Sicherheitsmaßnahmen ergreifen, um die unkontrollierte Verbreitung von GVO in der Umwelt zu unterbinden. Bevor ein GVO freigesetzt bzw. in den Verkehr gebracht werden darf, müssen umfangreiche Sicherheitsüberprüfungen und Studien zum Nachweis stattgefunden haben, dass der GVO keine Gefahr für die Gesundheit von Menschen,

Tieren und Umwelt darstellt. Erst nachdem diese Vorkehrungen getroffen und überprüft worden sind, was ein sehr aufwendiges und zeitintensives Verfahren darstellt, wird für den entsprechenden GVO eine Zulassung erteilt, welche auf zehn Jahre beschränkt ist. Nach Ablauf der zehn Jahre kann nach erneuter Sicherheitsüberprüfung eine Verlängerung um weitere zehn Jahre beantragt werden.

Zur Registrierung eines Betriebes, welcher auf ökologische Erzeugung umstellen möchte, muss der Unternehmer lediglich seinen Namen, die Art der Erzeugnisse, die Lage des Betriebes, den Zeitpunkt der Umstellung und die zuständige Kontrollstelle angeben. Ferner muss er versichern, sich an die Vorschriften der EG-Öko-VO zu halten, und darf von nun an seinem Gewerbe ohne zeitliche Eingrenzung nachgehen.

Eine Ausnahme von der Zulassungs- wie auch von der Kennzeichnungspflicht gibt es für solche Produkte, bei denen ein gv Eintrag zufällig und technisch nicht zu vermeiden ist. Für diesen Fall sind zwei Schwellenwerte eingeführt worden, welche für die Zulassung bei 0,5 Prozent und für die Kennzeichnung bei 0,9 Prozent liegen. In Ermangelung spezifischer Schwellenwerte in der EG-Öko-VO finden laut Girnau (2004, S. 353) für ökologisch erzeugte Produkte die „allgemeinen REgelungen des Lebensmittelrechts und damit auch die Schwellenwerte der Verordnung (EG) Nr. 1829/2003 insbesondere der Schwellenwert von 0,9 % Anwendung".

Der Eintrag von gv Material in ökologisch erzeugte Produkte kann für ökologisch produzierende Unternehmen großen wirtschaftlichen Schaden bedeuten, wenn sie ihre Produkte nicht mehr als aus dem ökologischen Anbau stammend kennzeichnen dürfen. Unternehmen, welche mit GVO arbeiten, sind verpflichtet, im Rahmen der Koexistenz die gute fachliche Praxis einzuhalten und so z. B. Auskreuzungen durch fliegenden gv Pollen zu verhindern. Das Gentechnikgesetz schreibt dem GVO-nutzenden Unternehmen Maßnahmen zur Sicherung der Koexistenz vor, um ökologisch erzeugende Betriebe vor den Auswirkungen durch GVO-Eintrag in deren Erzeugnisse zu schützen. Der Erhalt der Koexistenz wird als wichtig erachtet, um Landwirten und Verbrauchern ihre Wahlfreiheit in Bezug auf Saatgut, Lebens- und Futtermittel zu zusichern. In der ökologischen Landwirtschaft ist der Einsatz der Gentechnik verboten. Um die Einhaltung dieses Prinzips zu gewährleisten, sind im GenTG rechtliche Maßnahmen ergriffen worden, welche insbesondere GVO-nutzenden Unternehmen Pflichten auferlegen.

Alle in der EU zugelassenen GVO und die dazugehörigen Informationen werden in einem Gemeinschaftsregister der Öffentlichkeit zugänglich gemacht. So kann sich jeder interessierte Verbraucher über die zugelassenen GVO informieren. Ohne die Kenntnis des entsprechenden Erkennungsmarkers ist eine eindeutige Identifizierung allerdings nicht möglich, da es z. B. mehrere zugelassene gv Maissorten mit unterschiedlichen Veränderungen in der EU gibt. Das Gemeinschaftsregister soll Transparenz schaffen und durch die Offenheit im Umgang mit den Informationen zu GVO das Vertrauen der Verbraucher in die Sicherheit von GVO gestärkt werden.

Für ökologisch erzeugte Produkte gibt es kein solches gemeinschaftliches Register, was bei der Fülle der Produkte, welche heute auf dem Markt zu finden sind, zu großer Unübersichtlichkeit führen würde. Allerdings verwaltet jede Kontrollstelle ein aktuelles Verzeichnis über die ihr unterstellten ökologisch erzeugenden Betriebe, welches sie jährlich der zuständigen Behörde übermittelt. Die zuständige Behörde wiederum führt eine Liste aller zugelassenen Kontrollstellen einschließlich deren Codenummer, welche jedes Jahr im Amtsblatt der Europäischen Gemeinschaften veröffentlicht wird. Es entsteht ein Netzwerk aller Betriebe und Kontrollstellen, welche mit der ökologischen Erzeugung betroffen sind, so dass in einer Krisensituation Rückverfolgbarkeit gewährleistet ist.

6. Fazit

Rückverfolgbarkeit wird mehr und mehr als wichtiges Element der Qualitätssicherung anerkannt, welche für die Lebens- und Futtermittelsicherheit einen bedeutenden Stellenwert einnimmt. Die rechtliche Verankerung in der EU-Basis-VO unterstreicht und verdeutlicht den Wert von Rückverfolgbarkeit, welcher ihr auch von Seiten des Gesetzgebers her zugesprochen wird.

Unternehmen, welche Lebens- und Futtermittel produzieren, verarbeiten oder in den Verkehr bringen, werden gesetzlich verpflichtet, Maßnahmen zur Sicherung der Rückverfolgbarkeit zu ergreifen. Wenn sich jedes Unternehmen an diese Verpflichtung hält und gewissenhaft durchführt, wird eine lückenlose Rückverfolgbarkeit vom Acker bis zum Teller garantiert. Wie bei jeder rechtlichen Vorschrift gilt auch hier, dass die Vorschrift in ihrer Gültigkeit nur so gut sein kann, wie die Menschen, die sich an sie halten. Aber gerade bei Rückverfolgbarkeit haben die Unternehmen selbst ein großes Interesse daran, diese sicher zu stellen, um Kundenwünschen gerecht zu werden.

Die EU-Basis-VO gesteht den Unternehmen ein gewisses Maß an Flexibilität zu, auf welche Weise sie ihre Rückverfolgbarkeitssysteme ausgestalten. So kann jedes Unternehmen individuell seiner Größe und seiner Bedürfnisse entsprechend den gesetzlichen Mindestanforderungen nachkommen und seinen Beitrag zur Lebensmittel- und Futtermittelsicherheit leisten.

Gewisse Grenzen der Rückverfolgbarkeit sind solchen Unternehmen gesetzt, welche mit Siloware, wie es z. B. bei Getreide oft der Fall ist, oder mit Sammlungen, wie sie bei Milch erfolgen, arbeiten. Bei diesen Produktarten ist eine Vermischung verschiedener Chargen von unterschiedlichen Lieferanten nicht zu vermeiden und muss von den Unternehmen berücksichtigt werden. Um dennoch ein möglichst hohes Niveau der Rückverfolgbarkeit zu gewährleisten, sind von einigen Dienstleistungsunternehmen verschiedene Ansätze entwickelt worden, wie der Produktionsfluss übersichtlich abgebildet werden kann, um eine möglichst chargennahe Zuordnung zu erreichen.

Die komplexer gewordenen Herstellungs- und Verarbeitungsketten in der Lebens- und Futtermittelindustrie erschweren den Überblick, welches Produkt von welchem Erzeuger stammt. Um den lückenlosen Weg eines Produktes vom Acker bis zum Teller nachzeichnen zu können, muss jedes Unternehmen die Art der zugekauften Materialien sowie deren Lieferanten und auch die selbst erzeugten Produkte sowie deren Abnehmer erfassen. So kann Schritt für Schritt von einem Unternehmen zum nächsten die gesamte Herstellungs- und Verarbeitungskette rekonstruiert werden. Gerade in einem Krisenfall, wenn beispielsweise ein unerlaubter Stoff in einem Produkt gefunden worden ist, kommt dieser Art des Verfahrens große Bedeutung zu. Es geht dann darum, umgehend die Quelle des Problems einzugrenzen und möglichst auch zu identifizieren. Für ein Unternehmen ist es nun von Vorteil, wenn es selbst und auch seine Lieferanten bzw. Abnehmer gut funktionierende Rückverfolgbarkeitssysteme besitzen, so dass die Rücknahme eines Produktes schnell und vom Verbraucher unbemerkt erfolgt. Stufenübergreifende Zusammenarbeit aller beteiligten Unternehmen ist für eine durchgängige Rückverfolgbarkeit eine unerlässliche Vorraussetzung. Da auf den gesättigten Märkten, welche heute in der Lebensmittelbranche zu finden sind, der gute Name und das tadellose Image eines Unternehmens ein wichtiges Verkaufskriterium darstellen, kann ein öffentlicher Rückruf eines Produktes zu einem extremen Imageschaden und erheblichen Umsatzeinbußen führen, welche ein Unternehmen u. U. in den Ruin treiben können.

Erzeugnisse, welche ein gewisses Gefahrenpotenzial für die Gesundheit von Menschen, Tieren und der Umwelt besitzen, wie beispielsweise gv Produkte, werden besonders kontrolliert und überwacht. Bei solchen Erzeugnissen ist ein funktionierendes Rückverfolgbarkeitssystem essenziell, falls neue Erkenntnisse in Hinblick auf die Sicherheitsbewertung gefunden werden und ein Produkt vom Markt genommen werden muss. Daher gibt es spezielle Rechtsvorschriften für gentechnisch veränderte Organismen, welche für GVO-nutzende Unternehmen strengere Auflagen für deren Rückverfolgbarkeitssysteme festsetzen, als dies für andere Lebens- und Futtermittel der Fall ist. Auch soll damit den Verbraucherbefürchtungen in Hinblick auf die Sicherheit von GVO entgegengekommen werden, dass die von Verbrauchern wenig akzeptierten gv Produkte besondere rechtliche Behandlung erfahren und für diese spezielle Sicherheitsvorkehrungen getroffen werden.

Ökologisch erzeugende Unternehmen leben von dem positiven, natürlichen Image ihrer Produkte, welche am Markt aufgrund ihrer Produktionsweise einen höheren Preis erzielen. Um das Vertrauen der Verbraucher in die hohe Produktsicherheit zu erhalten, ist es für diese Unternehmen wichtig, Täuschungsversuche und negative Schlagzeilen in den Medien, wie z. B. während der Nitrofenkrise, zu verhindern. Qualitätssicherungsmaßnahmen, zu denen auch die lückenlose Rückverfolgbarkeit zählt, helfen, die Sicherheit von Produkten zu gewährleisten und in Krisensituationen schnell reagieren zu können, um ggf. Produkte zurückrufen zu können. Die ökologischen Anbauverbände haben dies schon frühzeitig erkannt und sich Richtlinien in Hinblick auf die Kennzeichnung und Kontrolle gegeben, auf denen die rechtlichen Maßnahmen aufbauen. So wird der besonderen Stellung von ökologisch erzeugten Produkten sowohl durch die Anbauverbände als auch durch den Gesetzgeber Rechnung getragen.

Im Interesse der Unternehmen, welche konventionelle, ökologische oder gv Produkte herstellen, verarbeiten oder in den Verkehr bringen, ist der Aufbau gut funktionierender Rückverfolgbarkeitssysteme, welche zügig gewünschte Informationen liefern, unverzichtbarer Bestandteil ihrer Qualitätssicherungsmaßnahmen. Der finanzielle und zeitliche Mehraufwand für solche Systeme wird durch den Nutzen, welchen ein Unternehmen im Krisenfall dadurch erfährt, deutlich überwogen. Dieser Auffassung ist auch der Gesetzgeber, welcher Unternehmen zur Rückverfolgbarkeit verpflichtet und die Einhaltung regelmäßig kontrolliert. Der Verbraucher ist derjenige, der von diesen Maßnahmen profitieren soll, indem ihm sichere und gut kontrollierte Lebensmittel angeboten werden. Die Gesundheit der Verbraucher soll durch eine hohe Lebensmittelsicherheit gewährleistet werden. Einwandfrei funktionierende Rückverfolgbarkeitssysteme sollen diese Lebensmittelsicherheit garantieren und das Vertrauen der Verbraucher, welches durch die Lebensmittelskandale der letzten Jahre stark gelitten hat, wiederherstellen.

Literaturverzeichnis

Ausschuss der Regionen (2001): Stellungnahme des Ausschusses der Regionen vom 14. Juni 2001 zu dem „Vorschlag für eine Verordnung des Europäischen Parlaments und des Rates zur Festlegung der allgemeinen Grundsätze und Erfordernisse des Lebensmittelrechts, zur Einrichtung der Europäischen Lebensmittelbehörde und zur Festlegung von Verfahren zur Lebensmittelsicherheit".
URL: http://coropinions.cor.eu.int/coropiniondocument.aspx?language=de &docnr= 64&year=2001. Zuletzt am 28.09.2006.

Ausschuss für Verbraucherschutz, Ernährung und Landwirtschaft (AVEL) (2004): Wortprotokoll der 49. Sitzung. Öffentliche Anhörung. Gesetzentwurf der Bundesregierung. Entwurf eines Gesetzes zur Neuordnung des Lebensmittel- und des Futtermittelrechts.
URL: http://www.bundestag.de/ausschuesse/archiv15/a10/protokolle/protokoll49.pdf. Zuletzt am 05.10.2006.

Bioland Verlags GmbH (Hrsg.) (2006a): EU-Öko-Verordnung. Bisherige Vorschläge nicht akzeptabel. bioland – Fachmagazin. 11: 5.

Bioland Verlags GmbH (Hrsg.) (2006b): Weit am Ziel vorbei. bioland – Fachmagazin. 2: 3.

Bund für Lebensmittelrecht und Lebensmittelkunde e. V. (BLL) (2003): Stellungnahme zu den rechtlichen Vorgaben im Hinblick auf das Gebot der Rückverfolgbarkeit in Artikel 18 der Verordnung (EG) 178/2002.
URL: http://www.bll.de/download/themen/rueckverfolgbarkeit/bll_stellungnahme_rueckverfolgbarkeit.pdf. Zuletzt am 10.10.2006.

Bund für Lebensmittelrecht und Lebensmittelkunde e. V. (BLL) (2004): BLL-Stellungnahme zum Entwurf eines Gesetzes zur Neuordnung des Lebensmittel- und des Futtermittelrechts.
URL: http://www.bundestag.de/ausschuesse/ archiv15/a10/protokolle/protokoll49_Anlage_.pdf. Zuletzt am 11.12.2006.

Bund für Lebensmittelrecht und Lebensmittelkunde e. V. (BLL) (2006a): Anwendung der „Verordnung (EG) Nr. 1935/2004".
URL: http://www.bll.de/themen/bedarfsgegenstaende/anwendung_voeg.html. Zuletzt am 13.07.2006.

Bund für Lebensmittelrecht und Lebensmittelkunde e. V. (BLL) (2006b): Leitfaden Rückverfolgbarkeit. Die Organisation der Rückverfolgbarkeit von Produkten in der Lebensmittelkette. Bonn.

Bund für Lebensmittelrecht und Lebensmittelkunde e. V. (BLL) (2006c): Rückverfolgbarkeit.
URL: http://www.bll.de/themen/rueckverfolgbarkeit/. Zuletzt am 27.08.2006.

Bund für Lebensmittelrecht und Lebensmittelkunde e. V. (BLL) (2006d): Rückverfolgung von Lebensmitteln und -zutaten.
URL: http://www.bll.de/themen/kenneichnung/rueckverfolgung_von_lebensmitteln_und_zutaten.html. Zuletzt am 02.09.2006.

Bund Ökologische Lebensmittelwirtschaft e. V. (BÖLW) (2004): Handlungsempfehlung zur Umsetzung von Maßnahmen der Warenrückverfolgbarkeit/ Herkunftssicherung in Unternehmen der Ökologischen Lebensmittelwirtschaft.
URL: http://www.boelw.de/uploads/media/diskussions vorschlag_2004_02_20.pdf. Zuletzt am 27.09.2006.

Bundesamt für Verbraucherschutz und Lebensmittelsicherheit (BVL) (2005): Das Genusstauglichkeitskennzeichen.
URL: http://www.bvl.bund.de/nn_491788/DE/01__Lebensmittel/06__Verbraucherinfos/062__Genusstauglichkeitskennzeichen/Genusstauglichkeitskennzeichen__node.html__nnn=true. Zuletzt am 23.10.2006.

Bundesanstalt für Landwirtschaft und Ernährung (BLE) (2006a): Häufig gestellte Fragen. Welche Produkte können gekennzeichnet werden?
URL: http://www.bio-siegel.de/index.php?id=126. Zuletzt am 25.08.2006.

Bundesanstalt für Landwirtschaft und Ernährung (BLE) (2006b): Info Bio-Siegel.
URL: http://www.ble.de/index.cfm/000A8041BC4113A79CD56521C0A8D816. Zuletzt am 15.11.2006.

Bundesanstalt für Landwirtschaft und Ernährung (BLE) (2006c): Merkblatt zur obligatorischen Etikettierung von Rindfleisch.
URL: http://www.ble.de/data/000AB2AE00B21499B2036521C0A8D816.0.pdf#search=%22etikettierung%20rindfleisch%22. Zuletzt am 10.10.2006.

Bundesministerium für Ernährung, Landwirtschaft und Verbraucherschutz (BMELV) (2006a): Das neue Lebens- und Futtermittelgesetzbuch.
URL: http://www.bmelv.de/cln_045/nn_753994/DE/02Verbraucherschutz/ Lebensmittelsicherheit/Lebens-FuttermittelGesetzbuch.html__nnn=true. Zuletzt am 29.09.2006.

Bundesministerium für Ernährung, Landwirtschaft und Verbraucherschutz (BMELV) (2006b): 5 Jahre Bio-Siegel – Eine Erfolgsgeschichte.
URL: http://www.bmelv.de/cln_045/nn_752324/sid_D0F449A4B5DEF9F9735 C69CFD1A12B7A/DE/12-Presse/Pressemitteilungen/2006/132-biosiegel-5-jahre.html__nnn =true. Zuletzt am 11.09.2006.

Codex Alimentarius Commission (1999): Guidelines for the production, processing, labelling and marketing of organically produced food.
URL: http://www.cofemermir.gob.mx/uploadtests/10988.66.59.6.directrices %20codex%20org%C3%A1nicos%20gl99_32e.pdf. Zuletzt am 11.12.2006.

Codex Alimentarius Commission (2004): Report Alinorm 04/27/41.
URL: http://www.codexalimentarius.net/download/report/621/al04_41e.pdf. Zuletzt am 25.08.2006.

Confederation of the food and drink industries of the EU (CIAA) (2004): CIAA Guidelines On Traceability.
URL: http://www.rueckverfolgbarkeit.de/pls/portal/ docs/PAGE/RVPORTAL /RVDOKU/CIAA_GUIDELINES_ON_TRACEABILITY.PDF. Zuletzt am 22.09.2006.

Demeter (2006): Menschen verbinden: Demeter im Internet.
URL: http://www.demeter.de/. Zuletzt am 20.11.2006.

Deutscher Bundestag (2004): Gesetzentwurf der Bundesregierung. Entwurf eines Gesetzes zur Neuordnung des Lebensmittel- und des Futtermittelrechts.
URL: http://dip.bundestag.de/btd/15/036/1503657.pdf#search=%22Gesetzentwurf%20der%20Bundesregierung.%20Entwurf%20eines%20Gesetzes%20zur%20 Neuordnung%20des%20Lebensmittel%20und%20des%20Futtermittelrechts%20 Drucksache%2015%2F3657%22. Zuletzt am 05.10.2006.

DIN Deutsches Institut für Normung e. V. (2000): DIN EN ISO 9000. Qualitätsmanagementsysteme Grundlagen und Begriffe. ISO 9000:2000. Berlin: Beuth Verlag GmbH.

Eckert D (2003): Grundsätzliches zum Regelungsansatz des Gesetzentwurfs zur Neuordnung des Lebensmittel- und Futtermittelrechts. ZLR. 6: 667-75.

Europa (2000): Lebensmittelrecht vom Erzeuger zum Verbraucher: Einrichtung einer Europäischen Lebensmittelbehörde.
URL: http://europa.eu/rapid/press ReleasesAction.do?reference=IP/00/1270& format=HTML&aged=0&language=EN&guiLanguage=en. Zuletzt am 11.12.2006.

Europa Glossar (2006): Lebensmittelsicherheit.
URL: http://europa.eu/scadplus/ glossary/food_safety_de.htm. Zuletzt am 22.09.2006.

Europäische Kommission (2006a): Biotechnologie. Etikettierung.
URL: http://ec.europa.eu/food/food/biotechnology/etiquetage/index_de.htm. Zuletzt am 08.09.2006.

Europäische Kommission (2006b): Ökologischer Landbau.
URL: http://ec.europa.eu/agriculture/qual/organic/index_de.htm. Zuletzt am 14.09.2006.

Europäische Kommission (2006c): Ökologischer Landbau. Entscheidung der Verbraucher.
URL: http://ec.europa.eu/agriculture/qual/organic/cons/ index_de.htm. Zuletzt am 14.09.2006.

Europäische Kommission, Generaldirektion Landwirtschaft (2000): Der ökologische Landbau. Ein Leitfaden zur EU-Gesetzgebung.
URL: http://ec.europa.eu/agriculture/qual/organic/brochure/abio_de.pdf. Zuletzt am 03.08.2006.

Forschungsring für Biologisch-Dynamische Wirtschaftsweise (2005): Richtlinie für die Kennzeichnung von Demeter-Erzeugnissen.
URL: http://demeter-service.de/index.php?id=9&type=1&no_cache=1&file=34 &uid=13. Zuletzt am 20.11.2006.

Girnau M (2003): Der Entwurf eines Gesetzes zur Neuordnung des Lebensmittel- und des Futtermittelrechts. ZLR. 6: 677-91.

Girnau M (2004): Die neuen Regelungen zur Kennzeichnung und Rückverfolgbarkeit von gentechnisch veränderten Lebensmitteln (Verordnungen (EG) Nr. 1829/2003 und 1830/2003). ZLR. 3: 343-58.

Gorny D (2003): Grundlagen des europäischen Lebensmittelrechts. Hamburg: Behr.

GS1 Germany GmbH (2005): Wege zur Rückverfolgbarkeit von Produkten. Köln.

GS1 Germany GmbH (2006a): EAN 128.
URL: http://www.gs1-germany.de/content/e39/e50/e244/e247. Zuletzt am 10.10.2006.

GS1 Germany GmbH (2006b): Praxisbeispiele.
URL: http://www.gs1-germany.de/content/e39/e50/e236/e239. Zuletzt am 10.10.2006.

Hahn P (2006): Lexikon Lebensmittelrecht. Loseblattwerk. Hamburg: Behr.

Horst M (2000): Dachregelung europäisches Lebensmittelrecht. Vorschläge zur Umsetzung des Weißbuches zur Lebensmittelsicherheit. ZLR. 4: 475-87.

Jaksche J (2004): Rückverfolgbarkeit im internationalen Handel.
URL: http://www.vzbv.de/mediapics/rckverfolgbarkeit_inthandel_09_09_2005.pdf. Zuletzt am 27.09.2006.

Kommission der Europäischen Gemeinschaften (EU-Kommission) (2000): Weißbuch zur Lebensmittelsicherheit. KOM (1999) 719 endgültig.
URL: http://europa.eu.int/eur-lex/de/com/wpr/1999/com1999_0719de01.pdf. Zuletzt am 10.10.2006.

Kommission der Europäischen Gemeinschaften (EU-Kommission) (2005): Vorschlag für eine Verordnung des Rates über die ökologische/biologische Erzeugung und die Kennzeichnung von ökologischen/biologischen Erzeugnissen. URL: http://eur-lex.europa.eu/LexUriServ/site/de/com/2005/com2005_0671de01.pdf. Zuletzt am 15.11.2006.

Landwirtschaftliche Kontroll- und Dienstleistungsgesellschaft mbH (LKD) (2006): Herkunftssicherung bei Rindern durch die von der LKD ausgegebenen Ohrmarken.
URL: http://www.lkv-sh.de/beispielohrmarke.html. Zuletzt am 25.10.2006.

Mertens S (1996): Kennzeichnungspflicht wird definiert. Deutsches Ärzteblatt. 93(18): A-1180.

Ministerium für Umwelt und Naturschutz, Landwirtschaft und Verbraucherschutz des Landes Nordrhein-Westfalen. Referat Ökologischer Landbau (Hrsg.) (2005): Dachorganisation des ökologischen Landbaus.
URL: http://www.oekolandbau.nrw.de/umstellung/einfuehrung/dachorganisationen/index.html. Zuletzt am 29.11.2006.

Psion Teklogix (2004): Einführung in RFID und seine Anwendungsmöglichkeiten. URL: http://www.rueckverfolgbarkeit.de/pls/portal/docs/PAGE/RVPORTAL/RVDOKU/WHITEPAPER_RFID.PDF. Zuletzt am 10.10.2006.

Rabe H-J (2003): Grundfragen der EG Lebensmittelverordnung. ZLR. 2: 151-61.

Rathke K-D (Hrsg.) (2002): Ökologischer Landbau und Bioprodukte. München: Verlag C.H. Beck.

Raupp J (1992): Was ist ökologisch am ökologischen Landbau? – Begriffsdefinitionen. 13-24. In: Albertz J (Hrsg.): Ganzheitlich, natürlich, ökologisch – was ist das eigentlich? Berlin: Freie Akademie.

Rehn G (2006): Die ökologische Lebensmittelwirtschaft in Deutschland: Zahlen, Daten, Fakten. URL: http://www.boelw.de/uploads/media/boelw_oekodaten_2006_01.pdf. Zuletzt am 29.11.2006.

Richter EA (2002): Grüne Gentechnik. Chancen, aber keine Akzeptanz. Deutsches Ärzteblatt. 99(10): A 606-8.

Rode J (2004): Rückverfolgung beschäftigt Branche. Lebensmittel-Zeitschrift. 35:26.

Rützler H (2005): II. Grundlagen des Lebensmittelrechts. A. Lebensmittel- und Futtermittelgesetzbuch. Rdn. 1-62. In: Streinz R (Hrsg.) (2006): Lebensmittelrechts-Handbuch. München: Verlag C.H. Beck.

Schauzu M (2004): Genetisch veränderte Pflanzen und Lebensmittelsicherheit. Bundesgesundheitsbl – Gesundheitsforsch – Gesundheitsschutz. 47: 626-33.

Ständiger Ausschuss für die Lebensmittelkette und Tiergesundheit (StALuT) (2004): Leitlinien für die Anwendung der Artikel 11, 12, 16, 17, 18, 19 und 20 der Verordnung (EG) Nr. 178/2002 über das allgemeine Lebensmittelrecht.
URL: http://ec.europa.eu/food/food/foodlaw/guidance/guidance_rev_7_de.pdf. Zuletzt am 11.12.2006.

TransGen (2006a): Gentechnik-Gesetz. Viel Streit, wenig Spielraum.
URL: http://www.transgen.de/recht/koexistenz/534.doku.html. Zuletzt am 09.11.2006.

TransGen (2006b): Gv-Pflanzen in der EU. Anbau in fünf Ländern.
URL: http://www.transgen.de/gentechnik/pflanzenanbau/643.doku.html. Zuletzt am 09.11.2006.

Verein für kontrollierte Tierhaltungsformen e. V. (KAT) (2006): Das KAT-Kennzeichnungssystem.
URL: http://www.was-steht-auf-dem-ei.de/volltext.php? id=74. Zuletzt am 25.10.2006.

Vogt G (2000): Entstehung und Entwicklung des ökologischen Landbaus im deutschsprachigen Raum. Königstein: Verlagsservice Niederland.

Wirtschafts- und Sozialausschuss (2001): Stellungnahme des Wirtschafts- und Sozialausschusses zu dem „Vorschlag für eine Verordnung des Europäischen Parlaments und des Rates zur Festlegung der allgemeinen Grundsätze und Erfordernisse des Lebensmittelrechts, zur Einrichtung der Europäischen Lebensmittelbehörde und zur Festlegung von Verfahren zur Lebensmittelsicherheit".
URL: http://eescopinions.eesc.europa.eu/eescopinion document.aspx?language=de&docnr=404&year=2001. Zuletzt am 27.09.2006.

Wirtschafts- und Sozialausschuss (2002): Stellungnahme des Wirtschafts- und Sozialausschusses zu dem „Vorschlag für eine Verordnung des Europäischen Parlaments und des Rates über genetisch veränderte Lebens- und Futtermittel". URL: http://eescopinions.eesc.europa.eu/eescopiniondocument.aspx?language=de&docnr=694&year=2002. Zuletzt am 09.11.2006.

Zipfel W, Rathke K-D (2006): Lebensmittelrecht. Loseblatt-Kommentar. München: Verlag C.H. Beck.

Verzeichnis der zitierten Rechtsvorschriften

Beschluss 1999/468/EG des Rates vom 28. Juni 1999 zur Festlegung der Modalitäten für die Ausübung der der Kommission übertragenen Durchführungsbefugnisse. ABl. Nr. L 184/23. 17.07.1999.

Gesetz zur Durchführung der Rechtsakte der Europäischen Gemeinschaft über die besondere Etikettierung von Rindfleisch und Rindfleischerzeugnissen (Rindfleischetikettierungsgesetz – RiFlEtikettG). BGBl. 1998 Teil I: 380. 26.02.1998.

Gesetz zur Durchführung der Rechtsakte der Europäischen Gemeinschaft auf dem Gebiet des ökologischen Landbaus (Öko-Landbaugesetz - ÖLG). BGBl. 2001 Teil I: 2558. 10.07.2002.

Gesetz zur Einführung und Verwendung eines Kennzeichens für Erzeugnisse des ökologischen Landbaus (Öko-Kennzeichengesetz – ÖkoKennzG). BGBl. 2001 Teil I: 3441. 10.12.2001.

Gesetz zur Neuordnung des Lebensmittel- und Futtermittelrechts vom 01. September 2005. BGBl. 2005 Teil I: 2618. 06.09.2005.

Gesetz zur Regelung der Gentechnik (Gentechnikgesetz – GenTG). BGBl. 1993 Teil I: 2066. 16.12.1993.

Konsolidierte Fassung des Vertrags zur Gründung der Europäischen Gemeinschaft. 25.03.1957. URL: http://europa.eu/eur-lex/de/treaties/dat/ C_2002325 DE.003301.html. Zuletzt am 15.09.2006.

Lebensmittel-, Bedarfsgegenstände- und Futtermittelgesetzbuch (Lebensmittel- und Futtermittelgesetzbuch - LFGB). BGBl. 2006 Teil I: 945. 27.04.2006.

Richtlinie 2001/18/EG des Europäischen Parlaments und des Rates vom 12. März 2001 über die absichtliche Freisetzung genetisch veränderter Organismen in die Umwelt und zur Aufhebung der Richtlinie 90/220/EWG des Rates. ABl. Nr. L 106/1. 17.04.2001.

Richtlinie 97/12/EG des Rates vom 17. März 1997 zur Änderung und Aktualisierung der Richtlinie 64/432/EWG zur Regelung viehseuchenrechtlicher Fragen beim innergemeinschaftlichen Handelsverkehr mit Rindern und Schweinen. ABl. Nr. L 109/1. 25.04.1997.

Verordnung (EG) Nr. 1760/2000 des Europäischen Parlaments und des Rates vom 17. Juli 2000 zur Einführung eines Systems zur Kennzeichnung und Registrierung von Rindern und über die Etikettierung von Rindfleisch und Rindfleischerzeugnissen sowie zur Aufhebung der Verordnung (EG) Nr. 820/97 des Rates. ABl. Nr. L 204/1. 11.08.2000.

Verordnung (EG) Nr. 178/2002 des Europäischen Parlaments und des Rates vom 28. Januar 2002 zur Festlegung der allgemeinen Grundsätze und Anforderungen des Lebensmittelrechts, zur Errichtung der Europäischen Behörde für Lebensmittelsicherheit und zur Festlegung von Verfahren zur Lebensmittelsicherheit. ABl. Nr. L 31/1. 01.02.2002.

Verordnung (EG) Nr. 1829/2003 des Europäischen Parlaments und des Rates vom 22. September 2003 über genetisch veränderte Lebensmittel und Futtermittel. ABl. Nr. L 268/1. 18.10.2003.

Verordnung (EG) Nr. 1830/2003 des Europäischen Parlaments und des Rates vom 22. September 2003 über die Rückverfolgbarkeit und Kennzeichnung von genetisch veränderten Organismen und über die Rückverfolgbarkeit von aus genetisch veränderten Organismen hergestellten Lebensmitteln und Futtermitteln sowie zur Änderung der Richtlinie 2001/18/EG. ABl. Nr. L 268/24. 18.10.2003.

Verordnung (EG) Nr. 1935/2004 des Europäischen Parlaments und des Rates vom 27. Oktober 2004 über Materialien und Gegenstände, die dazu bestimmt sind, mit Lebensmitteln in Berührung zu kommen und zur Aufhebung der Richtlinien 80/590/EWG und 89/109/EWG. ABl. Nr. L 338/4. 13.11.2004.

Verordnung (EG) Nr. 223/2003 der Kommission vom 5. Februar 2003 zur Festlegung von Etikettierungsvorschriften für Futtermittel, Mischfuttermittel und Futtermittel-Ausgangserzeugnisse aus ökologischem Landbau und zur Änderung der Verordnung (EWG) Nr. 2092/91 des Rates. ABl. Nr. L 31/3. 06.02.2003.

Verordnung (EG) Nr. 2295/2003 der Kommission mit Durchführungsbestimmungen zur Verordnung (EWG) Nr. 1907/90 des Rates über bestimmte Vermarktungsnormen für Eier. ABl. Nr. L 340/16. 24.12.2003.

Verordnung (EG) Nr. 65/2004 der Kommission vom 14. Januar 2004 über ein System für die Entwicklung und Zuweisung spezifischer Erkennungsmarker für genetisch veränderte Organismen. ABl. Nr. L 10/5. 16.01.2004.

Verordnung (EG) Nr. 853/2004 des Europäischen Parlaments und des Rates vom 29. April 2004 mit spezifischen Hygienevorschriften für Lebensmittel tierischen Ursprungs. ABl. Nr. L 139/55. 30.04.2004.

Verordnung (EG) Nr. 854/2004 des Europäischen Parlaments und des Rates vom 29. April 2004 mit besonderen Verfahrensvorschriften für die amtliche Überwachung von zum menschlichen Verzehr bestimmten Erzeugnissen tierischen Ursprungs. ABl. Nr. L 139/206. 30.04.2004.

Verordnung (EG) Nr. 911/2004 der Kommission vom 29. April 2004 zur Umsetzung der Verordnung (EG) Nr. 1760/2000 des Europäischen Parlaments und des Rates in Bezug auf Ohrmarken, Tierpässe und Bestandsregister. ABl. Nr. L 163/65. 30.04.2004.

Verordnung (EWG) Nr. 2092/91 des Rates vom 24. Juni 1991 über den ökologischen Landbau und die entsprechende Kennzeichnung der landwirtschaftlichen Erzeugnisse und Lebensmittel. ABl. Nr. L 198/1. 22.07.1991.

Verordnung zur Durchführung des Rindfleischetikettierungsgesetzes (Rindfleischetikettierungsverordnung - RiFIEtikettV). BGBl. 1998 Teil I: 438. 09.03.1998.

Verordnung zur Gestaltung und Verwendung des Öko-Kennzeichens (Öko-Kennzeichenverordnung – ÖkoKennzV). BGBl. 2001 Teil I: 589. 06.02.2002.